少儿计算思维养成记

六个孩子的编程学习笔记

包若宁 卜文远 傅鼎荃 魏文珊 谭沛之 张秦汉 卜东波 编著
张国强 审

机械工业出版社
China Machine Press

图书在版编目（CIP）数据

少儿计算思维养成记：六个孩子的编程学习笔记 / 包若宁等编著 . -- 北京：机械工业出版社，2022.3（2022.5 重印）
ISBN 978-7-111-70248-1

I. ①少… II. ①包… III. ①程序设计 – 少儿读物 IV. ①TP311.1-49

中国版本图书馆 CIP 数据核字（2022）第 034727 号

少儿计算思维养成记：六个孩子的编程学习笔记

出版发行：机械工业出版社（北京市西城区百万庄大街 22 号 邮政编码：100037）
责任编辑：赵亮宇　　责任校对：殷　虹
印　刷：北京瑞禾彩色印刷有限公司　　版　次：2022 年 5 月第 1 版第 2 次印刷
开　本：186mm×240mm 1/16　　印　张：16.25
书　号：ISBN 978-7-111-70248-1　　定　价：79.00 元

客服电话：（010）88361066 88379833 68326294　　投稿热线：（010）88379604
华章网站：www.hzbook.com　　读者信箱：hzjsj@hzbook.com

序言

人生中一件幸福的事，是在中关村看见10来岁的孩子睁大了眼睛，兴奋地向你讲述计算思维的美妙。你手中的这本书就传递着这种兴奋和幸福。

这本书是6名小学生写的编程课程学习笔记，加上了3位家长兼教师的批注点评。书中凝聚了他们过去一年半的心血、激情和智慧。本书具有三个鲜明的特点，特别适合全国各地的中小学生和家长使用，也适合作为中小学计算机课程的教材。

特点一：独特的亲子游戏。作为家长，中科院计算所的3位研究员设计了一种有温度的亲子游戏，实践了一种以孩子为中心的学习过程。学习编程和计算思维不再只是通过枯燥的讲课、做作业来完成，而是让孩子们与家长一起玩电脑游戏和心智游戏，交心互动。他们的课堂洋溢着爱和欢乐。爱孩子是家长的天性，本书为家长提供了一个与孩子欢乐交心的独特渠道。

特点二：动手动脑，内容走心。作为教师，3位研究员精心设计了这门编程和计算思维课程，既循序渐进，又充满了让孩子动手动脑的内容，实践了图灵奖得主高德纳（Donald Knuth）提出的终极测试：**"对我是否理解某项知识的终极测试是看我能否对计算机讲清楚"**。本书作者之一包若宁小朋友没听说过斯坦福大学的高德纳教授，但她在课程学习实践中，自己形成了与高德纳教授类似的观点：**"……有一点错计算机就会不客气。可是如果程序写对了，计算机又会给你意外的惊喜。"**

特点三：实例丰富，易于使用。这本书及配套网站提供了丰富的知识点，每个知识点都配有实例。学习工具就是人手一台计算机，也可以通过互联网远程上课学习；用到的一些辅助教具，如三角形纸板等，都是很容易自行制作的。假如每周花4小时学习，学完全书内容大概需要大半年时间。家长和教师可以根据实际情况适当选择第10讲之后的内容进行学习。

今后 20 年有两个大趋势：中国将进入信息社会，并跻身创新型国家前列。因此，培养中小学生成为信息社会的创新型人才是社会的刚需。这本书是一部有趣且高质量的教材，希望你喜欢它！

恭喜孩子们！也向他们的父母致敬！

中国科学院计算技术研究所　徐志伟

2021 年 9 月 1 日于北京中关村

前言

小 SIGMA 数学特别兴趣组成立于 2018 年，有六名学生，三位家长当老师，是“三个老师六个娃”的亲子班。

我们这个特别兴趣组主要讲数学，最大的特点是“慢数学”，有时候两个小时才讲一道题。这让我们有足够的时间去思考、尝试，并发现一些好玩的规律。比如讲幻方时，包若宁、卜文远和魏文珊提出了“包卜魏猜想”——若已知三阶幻方的中心格子、左上角、左侧中间格子的三个数，这个三阶幻方就完全确定了。还有在学“鸡兔同笼”时，傅鼎荃自发地想出了“二分法”。

2020 年疫情期间，我们在家里都闷得无聊，便央求老师们教我们 Scratch 编程。当我们看到一个个美丽的角色，搭搭积木就能写程序时，便深深地爱上了编程。在编程里，似乎所有事情都能实现，于是我们想到什么事情就编程试一下。比如卜文远自发尝试写了一个小程序，用小球模拟病毒的传播。

在学习编程的这 3 个月里，我们一起写过很多程序，有四个和尚分馍馍，算 π，二分法找钻石……在这么多程序中，最好玩儿的就是阿尔法小狗了！这只小狗会下井字棋，它本领高强，每次我们都赢不了它！

通过编程，可以解决许多数学问题，比如数学里的鸡兔同笼、估算 2 的平方根等。我们还可以写一个程序估计森林里猫头鹰和老鼠的数目。模拟世界，这感觉很奇妙！

我们写这本书时最初的想法是：大部分编程书都是大人写的，都是以大人的视角来看的。我们想以孩子的视角写一本编程书，于是便一人写几章，把学习心得记录下来，最终形成了这本书。

我们觉得这本书和其他书是不一样的，它记录的是每一位小作者对每讲的看法与总结，记录了我们每个编程初学者对程序从陌生到熟悉并形成自己思维的过程，我们也希望自己的经历可以帮助更多初学小朋友爱上编程和计算思维。我们写的程序都放在 https://deltadbu.github.io/6kids_learning_scratch/ 上，供大家参考。

希望你们都能喜欢这本书！

小 SIGMA 数学特别兴趣组

2021 年 8 月 20 日

教师的话一

2018年的一天，我给同事包云岗打了个电话，说：“孩子们上二年级了，能否在轻松、活泼的氛围下，引导孩子们学一些数学思维呢？”云岗很赞同，我们就一起组织了一个小SIGMA数学特别兴趣组，权且由包云岗、兰艳艳和我担任老师，学员就是我们自己的孩子。

在这个特别兴趣组中，学生用书是通用的奥数教材，不过教师用书可不太普通——我们用的是G. Polya写的《怎样解题——数学思维的新方法》（*How To Solve it*）和陶哲轩写的《陶哲轩教你学数学》。换句话说，我们践行的是Polya的数学教育观——**重在倾听孩子们的理解和猜想，重在引导孩子们观察、尝试、联想、归纳、做“合情推理”，总之是一种“慢数学”**的风格，有时候我们甚至2个小时只讲一道题。

一开始的确看不出成效，但等到三年下来，才慢慢发现孩子们有了一些进步——当然，这些进步不是指孩子们参加某个杯赛拿了个奖，而是指孩子们掌握了一些基本的数学思维，体现在自己能够提出和证明一些猜想，比如包若宁、卜文远、魏文珊小朋友提出了三阶幻方的“包卜魏猜想”，傅鼎荃小朋友在学习“鸡兔同笼”问题时，完全自主地想出了“二分法”。在思维火花迸发的尤里卡[1]时刻，孩子们兴奋得又喊又跳；躬逢其时，我们也非常欣慰——这是对教师最大的肯定和褒奖。

等到了2020年春节，因为出现疫情，孩子们都憋在家里，很是无聊，就嚷嚷着让我们教他们编程。教一门编程语言容易，但是关键不在这里，而在于教“计算思维”，这给我们出了一个不小的难题。

事实上，包云岗、兰艳艳和我都在中国科学院大学教计算机科学与技术：包老师讲授“操作系统”，负责“一生一芯”实践计划，讲解如何设计CPU和

[1] 尤里卡是“Eureka”的音译，意为“我发现了！”。相传古希腊学者阿基米德在洗澡时，发现“浴缸溢出水的体积，应该等于他身体的体积”，这意味着不规则物体的体积也可以很方便地测量。想到这里，阿基米德非常兴奋，顾不上穿衣服就跑了出去，边跑边喊“尤里卡！尤里卡！”。后来德国数学家高斯发现“任意正整数可表示成最多3个三角形数之和”，在笔记中兴奋地写下“尤里卡！ num = △+△+△”。

计算机系统；兰老师讲授“机器学习和人工智能”，训练计算机怎样学习；我讲授“计算机算法设计”，包括怎样观察问题和求解问题。简而言之，我们教的都是“计算思维”。

不过我们面向的都是本科生和研究生，能否教小学生计算思维？教什么？怎么教？这对我们来说是全新的挑战。这可不像教数学，还有 Polya 和陶哲轩写的书能够当作教材，给我们一些指导。

我们在开课前思考了很久，教的时候又边教边琢磨，把教授本科生、研究生的计算思维进行裁剪和修改，形成了一个初步的“小学生版”计算思维。

所谓计算思维，其核心是**碰到问题时如何观察、如何尝试，然后如何根据观察到的规律设计计算机程序来求解问题**。下面这几条或许是最基本的计算思维：

（1）先正向尝试理解题意，再反向求解问题

碰到一个问题如何下手？孩子们往往会对着问题发呆，感觉束手无策。这不怪孩子们，求解问题是“反向思维”，有时候的确不太容易一下子就想出来。

在这种情况下，**“先正向尝试理解题意，再反向求解问题”**是走出困境的一个好办法。以“鸡兔同笼”问题为例，可以先尝试一下“鸡有 0 只”，即使这个尝试非常粗糙也没关系，然后验证这个尝试对不对，不对再修改尝试，比如接着尝试“有 1 只鸡对不对”，如果不对再增加鸡的数目。

先尝试猜测一个解（或许这个解很粗糙，这不要紧），再验证这个猜测是否满足要求，不满足要求就修改；这种“**尝试 – 验证 – 改进**”策略是“试错法”，也是“逐步改进法”。正向尝试有助于理解题意，或许应该成为孩子们碰到问题时的“第一反应”。

这种策略看起来很笨，不过却有三个好处：一是能够使孩子们动起手来，避免发呆；二是能够启发我们写一个求解的程序；第三点更重要，孩子们尝试不了几次，可能就会自己发现规律，想出更好的求解方法——这不是想象或夸张，SIGMA 的孩子们就是这样想出求解方法的。

说得更远一点儿，计算机科学与技术里普遍采用这种“用正向尝试来反向解题”的策略。一个典型的方法就是神经网络的训练过程——尝试设置网络参数，做正向的网络传播，验证传播的结果，如果不好就修正网络参数，最终反向求解出网络参数。

（2）从最简单的做起

碰到一个复杂的问题怎么办？比如“四个和尚分馍馍”问题，唐僧师徒4人化缘化到了10个馍馍，问共有几种分法？孩子们没学过组合数学，看到这么多和尚和这么多馍馍，一下就傻眼了。

直接求解这个问题是很难的，我们就启发孩子们从最简单的做起：4个和尚、10个馍馍的问题不会解，那就先考虑2个和尚、1个馍馍的问题。反过来，如果最简单的情形都无法解决，那就说明这个问题太难了，要么放弃，要么琢磨最简单的情形与原始问题之间的差异。当知道怎样求解2个和尚、1个馍馍的问题之后，我们再增加难度，考虑2个和尚、2个馍馍的问题，以及3个和尚、3个馍馍的问题。

找出问题的最简单情形，从最简单的情形入手，可以有效避免孩子们面对复杂问题时束手无策。所谓下手，所谓破题，所谓“把手弄脏”，就是第二个有效方式。

（3）要学会把复杂问题分解成简单问题

这和上一点是一脉相承的。当面对复杂问题时，首先要思考什么是最简单情况，最简单情况下的问题会不会解。假如最简单的情况会解了，下面的思考方向就是如何把复杂问题分解成简单问题。

还是拿“4个和尚分10个馍馍”做例子，假设知道唐僧吃了1个馍馍，剩下的问题就简化成“3个和尚分9个馍馍”了。把复杂问题分解成简单的、同类型的问题，就朝着最终解决问题前进了一大步。

当然，这种“假设法”只是一种问题分解手段，除此之外，还有“二分法”等。我们设计了几个题目，比如“求2的平方根”，目的就是引导孩子们领会“二分法”。

（4）枚举容易做，关键是剪枝

如果说计算思维和数学思维有什么不同，我想最大的不同或许在于“枚举法”。其中的道理很简单：人力有限，惧怕枚举；计算机不怕累，不怕枚举，反而有时候喜欢枚举——枚举程序多容易写啊。

碰到哪种问题可以尝试“枚举法”呢？如果一个问题的解是多个变量的组合，我们可以尝试一下“枚举法”。以“数字谜”问题为例，解是多个变量的组合，我们只需要枚举变量的所有组合就可以了。孩子们在数学课上常会碰到这种题目，当时很畏难——不是不会做，而是所有的组合太多了，一想到枚举就发怵。不过到了编程课上就简单了，只需要写一个“嵌套循环”，让计算机拼命算就行了。

当然了，要是组合数量实在太多的话，计算机也枚举不完。这时候的关键是找“最受限制”的变量，用这个变量对枚举树进行“剪枝”。我们在讲“数字谜”时，让孩子们尝试最笨的枚举，然后和带剪枝的枚举进行对比，从而体会剪枝的重要性。

孩子们将来会发现很多问题和“数字谜”问题类似，解是由多个变量组成的。对这种问题，“枚举＋剪枝”是行之有效的解题思路。

（5）随机是个利器

孩子们还是小学生，接触的“确定性”方法多，“随机性”算法少。我们设计了“布丰投针估计π”“打圆形靶子估计π”“布朗运动和醉汉的脚步”实验，意在引导孩子们从随机算法的角度思考问题。

“布朗运动和醉汉的脚步”实验，意在告诉孩子们很多天然现象的本质就是随机；而“布丰投针估计π”和“打圆形靶子估计π”实验，是想让孩子们体会到即使是确定性的问题，也可以用随机方法解决。随机采样可以大大减少计算量，不需要特别多的采样，也能得到很好的结果。

（6）仿真物理世界

在学习计算思维的过程中，一个需要防止的倾向是把计算机世界和真实的物理世界割裂开来。

为了防止这种倾向，我们引导孩子们在写程序之前，尽可能先做一些物理实验。比如在写“打圆形靶子估计π”程序之前，先用圆珠笔作飞镖、向靶子上投掷；在写“花粉的布朗运动”仿真程序之前，先用激光笔照射淀粉悬浮液，体会真实的布朗运动；在写“牛顿的大炮”程序之前，先用三根弹簧秤探索拉力分解的奥秘。有了真实的体会再写程序，和没有体会直接写，感觉是大不相同的。

此外，我们在设计题目时非常强调“数学建模”，即怎样把物理世界中的实际问题表示成计算机问题或数学问题。比如我们设计了“森林里有几只老鼠几只猫头鹰”这一讲，意图引导孩子们体会如何仿真“猎物–捕食者”动力学系统；设计了“牛顿的大炮”这一讲，意图引导孩子们体会如何把物理世界“装”到计算机里去。

值得指出的是，“森林里有几只老鼠几只猫头鹰”背后有高深的数学思想；C. Lay 写的《线性代数及其应用》中讲到矩阵特征值时，开篇用的就是这个例子。等到孩子们长大了，学习大学数学时，相信会有似曾相识的感觉。

总结一下：**从粗糙的解开始大胆尝试，不断改进；从最简单的情形做起，把复杂问题分解成简单问题；枚举所有的解，设计“剪枝”技术加快枚举过程；随机采样少量的样本，以减少计算量**，这大概就是最基本的计算思维了。我们给本科生、研究生讲的无非也是这几条，只不过是更深、更广一些罢了。

德国数学家、数学教育家 F. Klein 写了一本书，书名叫作《高观点下的初等数学》，其核心观点之一是**“有些基础数学，从高观点下才能看得更加明白”**。我们把讲授给本科生、研究生的计算思维做了筛选，然后讲授给孩子们；不揣浅陋，这或许可以称作“高观点下的少儿计算思维”吧。

为了便于孩子们理解和掌握计算思维，我们还设计了一些游戏，比如“找钻石”游戏是为了体会“二分法”，“走迷宫”游戏是为了体会陶哲轩提出的解题大法——解题无非是尝试寻找一条从已知到结论的路径。我们几位老师平时研究的就是算法和系统，所以给孩子们讲授的计算思维自然而然地带有浓厚的“数学思维”和“系统思维”色彩。

大概花了 4 个月的时间，我们就教完孩子们编程了，包括编程基础知识和计算思维。那孩子们学得到底怎么样呢？

事情很是凑巧，2021 年 5 月 22 日计算所举办“公众科学日”活动，其中一个节目是我带着小 SIGMA 们做一期“知乎课堂”，讲的题目是“如何用 Scratch 编程实现一只阿尔法小狗”。台下有 300 名现场观众注视，线上还有 30 万观众观看，孩子们顶住压力，现场编程，出了 bug 现场解决，成功实现了会下 tic-tac-toe 棋的阿尔法小狗；然后给观众讲解背后的原理和编程步骤，邀请观众进行“人狗大战”；最后又分成两个战队进行“狗狗大战”，看哪一队设计的阿尔法小狗更厉害。

现场完成编程和讲解，说明孩子们掌握了基本的计算思维和程序设计技能。此外，张秦汉小朋友参加“核桃杯”编程大赛，获得了北京市金奖，也是一个小小的证明，值得鼓励。

我们在讲课时就要求孩子们做笔记，记录自己的理解、实验设计思路和实验结果。孩子们轮流来，每一讲都推选一位小朋友负责整理笔记：写程序、分析实验结果、上网查资料，这通常需要花费一周的时间。孩子们写完之后，由我们修改、校补和点评，最终汇集成了这本小书。我们所做的大修改都以“教师点评”的形式明确标识，尽量把修改最小化，以保持孩子们写作的原汁原味——童言童语，自当胜过老生常谈。

这本书是孩子和家长共同劳动的成果：部分插图是孩子们手绘的；封面是刘卫玲设计的；全书由包云岗、张春明、谭光明、兰艳艳、何海芸校对。每一位家长都没有缺席。

在我的心目中，小 SIGMA 数学特别兴趣组不是一个课外补习班，而是我们这些做父母的和孩子们做的一场亲子游戏，是把我们的思考和领悟教给孩子们的一次传承，是共同领略数学思维和计算思维的一次探秘之旅。

我们这些家长们会永远记得这段时光。我想我们的孩子们将来上了大学，学到高等数学、概率论、计算机算法、人工智能时，应该时不时会感觉似曾相识，大道至简，当会心一笑罢。

是为记。

中国科学院计算技术研究所　卜东波
2021 年 8 月 23 日于北京中关村

教师的话二

给孩子们的话

计算思维是什么？也许孩子们是第一次听到“计算思维”这个词，但相信大家其实早已无意识地在实践计算思维，比如每天早晨上学的过程就是一次计算思维的实践。早上起床后，孩子们就会在大脑中快速形成一个“上学程序”：第一步刷牙洗脸，第二步换衣服，第三步吃早餐，第四步检查书包，第五步出门，步行或坐车去学校，第六步到校后找到座位，第七步……这其实就是计算思维的一种体现。当然，“上学程序”中的每一步还可以进一步分解为更细的步骤，比如刷牙洗脸又可以分解为挤牙膏、刷牙、漱口、接水、洗脸等，这是计算思维中的模块化思想；“上学程序”中有些步骤还可以并行进行，比如当时间来不及时，可以一边嚼着面包一边换衣服，这是计算思维中的并行思想。

现在是不是觉得“计算思维”无所不在了？通俗地说，计算思维就是让我们学会用“编程序”的方法来解决问题。但这些“程序”并不一定仅仅在计算机上运行，也可能是由一个人、一个团队或者一个单位去执行。最近中国航天领域硕果累累，“嫦娥五号”实现月面取样返回地球，天宫空间站成功发射，“祝融号”首次登陆火星等，为什么中国航天总能完成一个个充满挑战的目标？这正是得益于航天领域的总设计师们精心设计的、由几万个航天人一起执行的“程序”，不仅能保障工程质量，还能缩短开发时间，这就是计算思维在航天领域的应用。

孩子们也许对计算思维还是有些陌生，但大家都做过数学题，接触过数学思维，这本书希望通过用数学思维和计算思维去求解同一个问题，并进行对比分析，从而让大家体会数学思维和计算思维的区别以及计算思维的威力。将来有一天，当大家能有意识地将计算思维应用到学习和工作中，能把一个复杂任务分解为一个个小步骤，能把这些小步骤变成容易理解的数学模型或者容易执行的操作时，相信大家会发现那些看似复杂的问题变得容易解决了，大家也会变得更有信心去迎接挑战。

给家长朋友们的话

作为一名家长，我也经常会想：孩子未来会成为一个什么样的人？应该教给孩子什么？在众多我们希望传达给孩子的知识和能力中，我建议一定要把计算思维列进去。

我从初中开始学习编程，本科就读于南京大学计算机系，也写过不少程序，但真正深刻认识到计算思维的力量，还是在大学本科毕业十周年的聚会上。当时，一位本科同学说他写了一个程序，为了验证和调试这个程序，他决定改行做高中老师。他设计的程序是这样的：

1）将高中数学知识公理化。

2）将解数学题的过程转化为一个搜索过程，即从题干出发搜索出对应的公理组合。

3）设立几条搜索优先级规则，实现一个高效的搜索算法。

需要说明的是：这个程序并不是让计算机执行，而是由人（就是高中生）来执行。一批高三学生在用这个程序练习了一段时间后，奇迹出现了——有一位学生第一次月考数学成绩为 41 分，第二次月考为 71 分，第三次月考达到 117 分，全班第二！

这个例子给了我很多启示。我开始观察我们生活的世界，其实很多人的工作就是将各种复杂任务转变为一个个程序，由政府、企业、部门和个人去执行。计算思维无处不在！我意识到，应该教给孩子们应用计算思维去认识世界、改变世界的能力。然而，在我们从小到大的成长经历中，却从来没有一门课或一本书来专门介绍什么是计算思维，以及如何训练计算思维。

于是我们几位家长决定自己去探索一种给孩子们教授计算思维的方式。这本书就记录了 2020 年上半年我们和孩子们一起进行的一次尝试。正如卜老师所言，这更像是一场亲子游戏，孩子们在学习的过程中始终充满了激情与活力，也充满了对新课程的期待。因此，我想如果要再给家长朋友们一个建议，那就是带着孩子们一起去实践书中的那些题目，一起去对比分析数学思维和计算思维的区别，一起去体会计算思维的威力。

古人云："授人以鱼，不如授人以渔。"计算思维，是乃渔也。

中国科学院计算技术研究所　包云岗
2021年10月8日于北京中关村

目录

第1讲 02

什么是计算机程序？

第2讲 19

角色的动作、绘图和音乐演奏

第3讲 28

变量：角色的记忆

第4讲 33

循环：重复做动作

第5讲 40

克隆：角色的双胞胎和多胞胎

第6讲 45

条件判断：角色根据情况做动作

第7讲 49

过程：程序的模块化

第8讲 57

列表：把几个变量合起来

第9讲 64

字符串：把几个字母合起来

第10讲 68

收发消息：角色之间的沟通和协调

计算思维篇

第13讲 96

再论聪明的枚举：三阶幻方

第14讲 104

从最简单的做起：4个和尚分馍馍

第15讲 112

用“试错法”求解鸡兔同笼问题

第16讲 119

随机有威力：打圆形靶子估计 π

第17讲 127

再论随机有威力：布丰投针估计 π

第 18 讲 139

玩游戏体会“递归法”：河内塔游戏

第 19 讲 149

“递归法”的应用：斐波那契数列与黄金分割

第22讲 180

“二分法”的应用：估计$\sqrt{2}$的值

第23讲 192

仿真世界：牛顿的大炮

当 被点击
询问 What's your name? 并等待
说 Hello!
重复执行
编程基础篇
当 被点击
询问 数? 并等待
将 num 设为 回答
重复执行直到 四舍五入 num = num
如果 四舍五入 num = num 不成立 那么
询问 请输入一个整数 并等待
将 num 设为 回答

第 1 讲
什么是计算机程序？

什么是计算机程序？计算机程序啊，就是用计算机能够听得懂的语言说的一段话。我们就从计算机语言谈起吧！

一、什么是计算机语言？

人类之间交流信息，主要方式是“语言”。

不同人群用的语言也不同。比如我们中国人日常交流通常用汉语，与英国人打交道要用英语，与法国人交流往往要用法语。那要是我们和计算机打交道呢？说汉语、英语或法语计算机可都听不懂，得说“计算机语言”，计算机才能懂。

人类的语言有很多种，计算机的语言也有很多种。我们这里要讲的是 Scratch 语言，用这种语言说的一段话看起来是图 1-1 中这样子的。

计算机能够听懂这段话，它的意思是：当绿旗被点击时，一只小猫（Scratch 的默认角色）向前移动 10 步，再右转 15°，然后等待 1 秒，最后说“你好”。

我们上网查了资料，Scratch 是由美国 MIT 大学米切尔·雷斯尼克（Mitchel Resnick）领导的“终身幼儿园团队”开发的免费、开源的编程系统，特点是图形化编程，通过拖曳、拼

当 被点击
移动 10 步
右转 15 度
等待 1 秒
朗读 你好

图 1-1　用 Scratch 语言说的一段话

搭积木的方式，就能编写程序啦，就像在玩乐高积木！

Scratch 的图形、声音等素材很丰富，适合中小学生来学习。用 Scratch 语言，你能够表达你的想法，还能够解决一些数学难题，是不是很好啊？

还有其他的计算机语言吗？当然有啦！卜老师说还有 Python、C++、Java 等，都是计算机语言，等我们长大些再学吧！

二、怎样让计算机听懂 Scratch 语言？

要让你的计算机听懂 Scratch 语言，你得给它配一个“Scratch 语言翻译官”。这个翻译官可以这样下载：

1. Scratch 的官方网站

从 https://scratch.mit.edu/download 下载，我们用的电脑是 Mac 笔记本，所以我点击了图 1-2 中的 macOS 图标；如果你的电脑是 Windows 系统的话，你需要点击 Windows 图标。我们用的是 Scratch 3.0 版本。

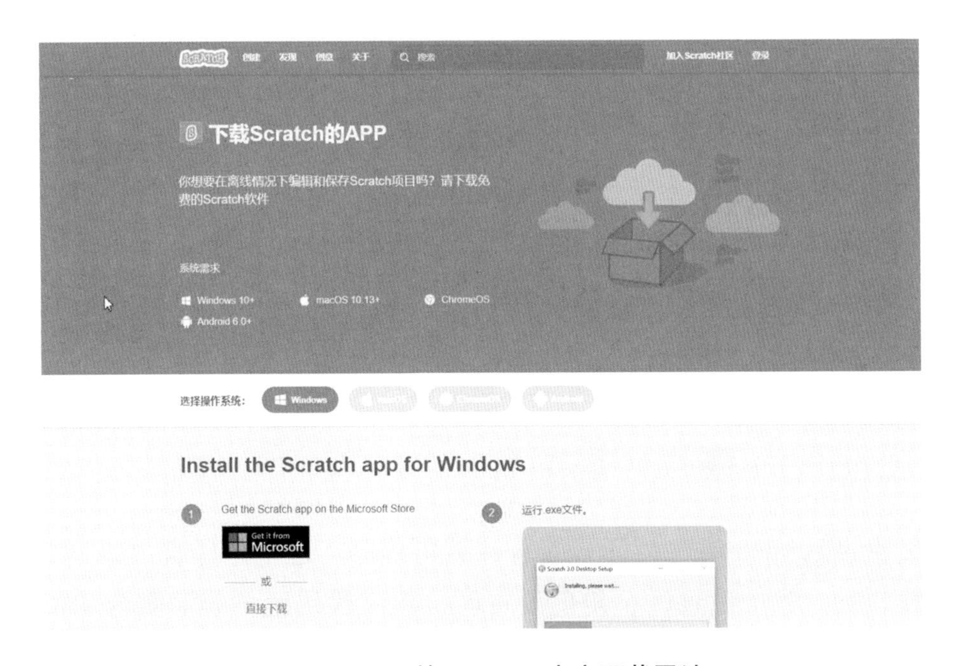

图 1-2　MIT 的 Scratch 官方下载网址

2. Scratch 的国内镜像网站

如果无法访问 Scratch 官方网址的话，可以访问它的国内镜像网址 https://scratch.cf/。

3. 国产的 Scratch 编程平台

Scratch 源代码已开源了，国内团队基于这些源代码做了进一步开发，比如“慧编程”系统，这也是一个很好的 Scratch 翻译官，可以从 https://mblock.makeblock.com/zh-cn/ 下载，安装使用。

如果你不想在自己的电脑上安装 Scratch 翻译官的话，也没关系，MIT 已经有了一台听得懂 Scratch 语言的机器（网址是 http://scratch.mit.edu），可以用浏览器直接访问并使用。进入这个网站之后，点击“ Start Creating”就可以编程啦！如果你访问不了这个网址的话，也可以用“慧编程”的服务器（https://ide.makeblock.com/）。

三、什么是计算机程序?

用计算机语言说的一段话，就是计算机程序。换句话说，要让计算机干活儿，就得告诉它“指令”，计算机根据指令做动作，这些**指令串起来就是程序**。

Scratch 程序就更加形象了：里面有角色，有舞台，角色根据脚本在舞台上表演。这个脚本就是程序。图 1-1 就是一段 Scratch 程序：Scratch 程序默认会有一个角色，是一只小猫；这段程序的意思是指挥小猫移动、右转、等待。很好玩吧?

四、Scratch 编程环境简介

用安装的 Scratch 语言翻译官能直接编写程序。这个翻译官由以下 5 部分组成（见图 1-3）：背景设置区、角色设置区、程序代码区、表演舞台和积木区。

下面我们简要介绍一下这些区域。

图 1-3　Scratch 编程平台的界面

（1）背景设置区

用来设置舞台的背景。我们可以选择一个 Scratch 已有的背景，或者自创一个新背景。再详细一点儿说，直接点击 即可从 Scratch 自带的背景中选择一个背景；把鼠标放在 上，然后在弹出的菜单条里选择画笔 ，可以创建新的背景。

（2）角色设置区

选择一个 Scratch 已有的角色，或者自创一个新角色。和上面类似，直接点击 即可从 Scratch 自带的角色中选择一个角色；把鼠标放在 上，然后在弹出的菜单条里选择画笔 ，可以创建新的角色。

（3）程序代码区

用来写程序。我们只要把积木块从左边拖到程序区，搭起来，就是一段程序；我们点击哪段程序，角色就开始执行哪段程序。通常我们把"当 被点击"作为程序的第一条指令，这样当我们点击表演区上方的小绿旗时，角色就开始执行程序啦。

（4）表演舞台

角色按脚本来进行表演的舞台，角色在这里可以做动作、唱歌、跳舞，还能做数学题。

如图 1-4 所示，这个舞台长 480 步，宽 360 步；每个位置用 X–Y 坐标表示；左上角的坐标是（−240, 180），右下角的坐标是（240, −180）。角色可以移动自己的位置；比如小猫现在的位置是（100, 100）。点击右上方的 ⛶ 图标，可以放大表演区，看得更清楚。

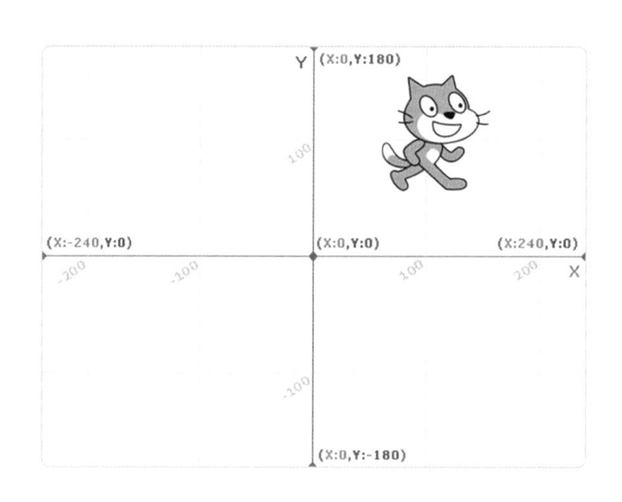

图 1-4　Scratch 里角色表演的舞台大小

（5）积木区

一个积木表示角色的一条指令、一个变量或者变量之间的运算。每个积木都有缺口，只有缺口能对上的积木才能搭在一起，这样就可以像玩乐高一样把积木拼成一串，然后就形式程序啦！

五、Scratch 积木简介

Scratch 翻译官把积木分门别类放起来，有运动类、外观类、声音类、事件类、控制类、侦测类、运算类、变量类等。这里我们简单介绍一下：

（1）运动模块

让角色动起来。比如让小猫右转 15°、然后移动 10 步；移到坐标为 x=100，y=0 的位置等（见图 1-5 左侧部分）。

（2）外观模块

改变角色的外观。比如让小猫变大变小、变换造型、保持说话状态几秒等（见图 1-5 右侧部分）。

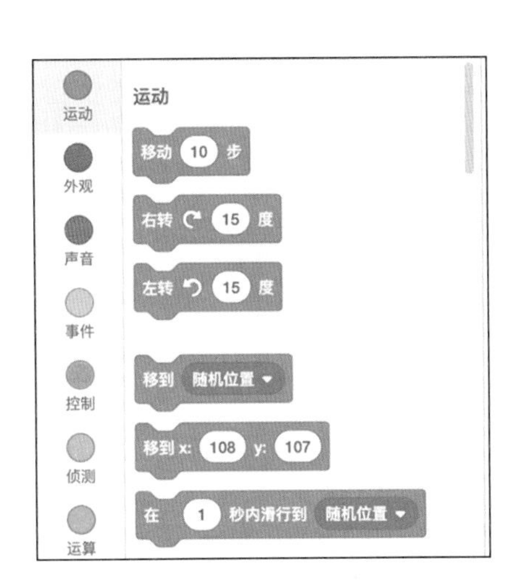

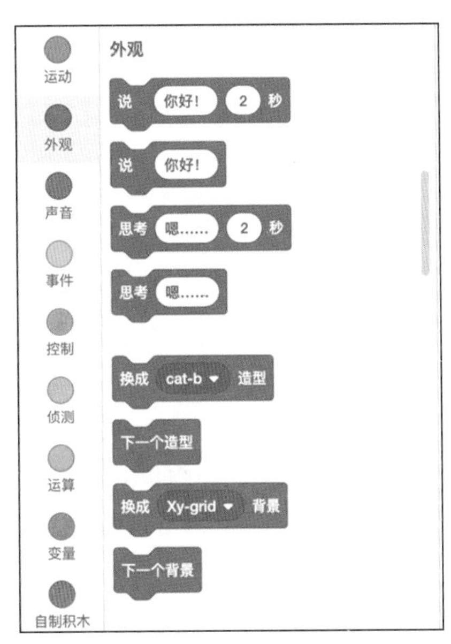

图 1-5　Scratch 里的运动模块（左）和外观模块（右）

（3）声音模块

让角色唱歌，还可以调整音量、音调等（见图 1-6 左侧部分）。

（4）事件模块

小朋友们，你们还记得话剧开始时的钟声吗？话剧演员听到开场的钟声，就开始表演。Scratch 程序里也一样，也有通知各个角色开始表演的“开场钟声”，只不过换了个名字，叫作“事件”（见图 1-6 右侧部分）。

Scratch 程序里有好几种方式可以通知角色开始表演，也就是有好几种“事件”。比如我们可以设置一个角色“收到某个消息”时开始表演，也可以设置“当 🏳 被点击”时开始表演，等等。一个角色可以给其他角色广播一条消息，当其他角色收到消息时，就开始做相应的动作。我们在第 10 讲里会讲解如何发送和接收消息。

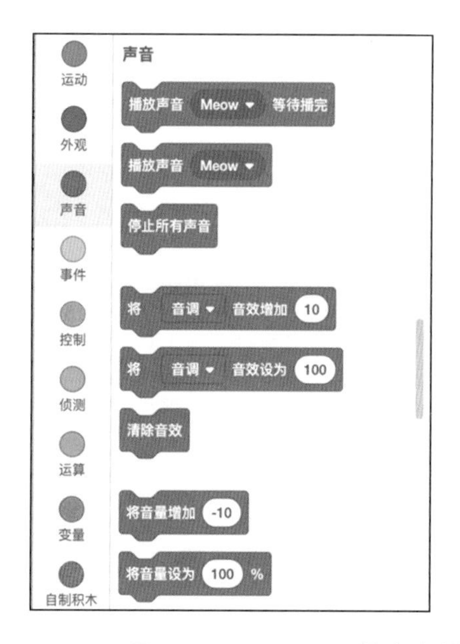

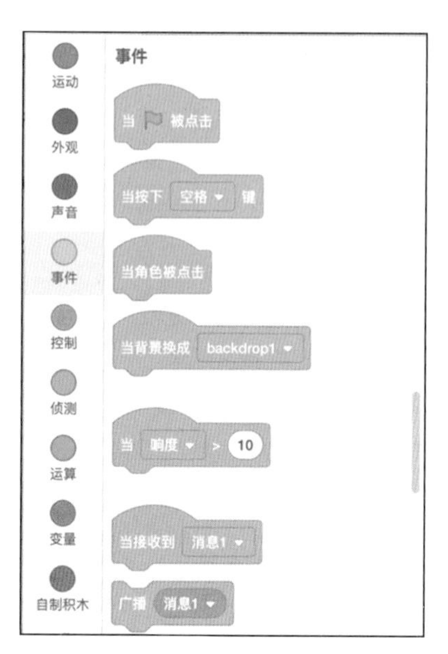

图 1-6　Scratch 里的声音模块（左）和事件模块（右）

（5）控制模块

这里的控制，是说一个角色控制它的“动作”。比如重复执行动作 10 次，当满足一定条件时，才执行动作，等等（见图 1-7 左侧部分）。

（6）侦测模块

人的感觉系统可以感知嗅觉、味觉、听觉等；Scratch 程序里的角色也有感觉系统，只不过换了个名字，叫作“侦测系统”。比如说：一个角色可以感知到“碰到了红色区域”，或者感知到“碰到了鼠标指针”等（见图 1-7 右侧部分）。

（7）运算模块

Scratch 程序里的角色都会做算术题！基本的加减乘除不在话下，再复杂一点的“在 1 和 10 之间取随机数”等也没问题（见图 1-8 左侧部分）。

（8）变量模块

Scratch 程序里的角色用变量来记东西（见图 1-8 右侧部分）。比如小猫咪去钓鱼，它可以建一个变量“鱼的条数”来记录钓上来几条鱼；每当钓上一条鱼，就把变量“鱼的条数”增加 1。变量，就是会发生变化的量！

Scratch 语言翻译官还有其他一些积木，比如画笔、文字朗读等，这些积木不太常用，因此没有显示出来。如果想用的话，我们可以点击左下角的 ，就可以把这些积木添加到左侧使用啦！

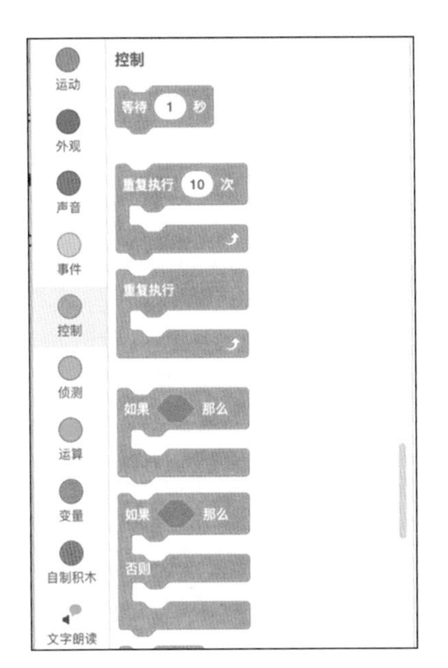

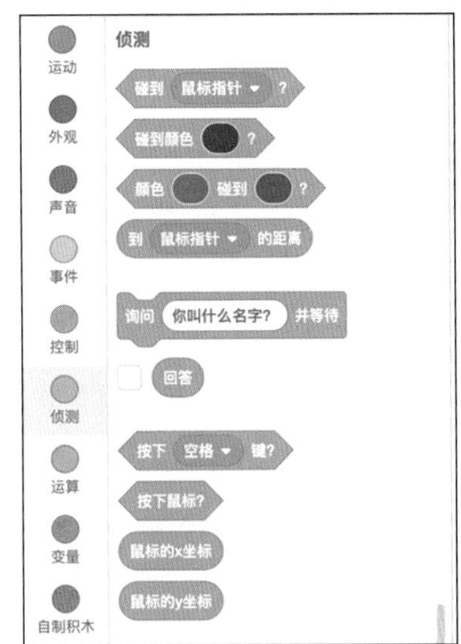

图 1-7　Scratch 里的控制模块（左）和侦测模块（右）

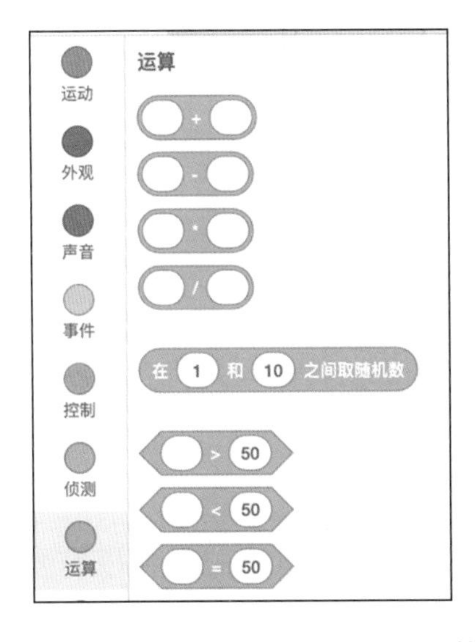

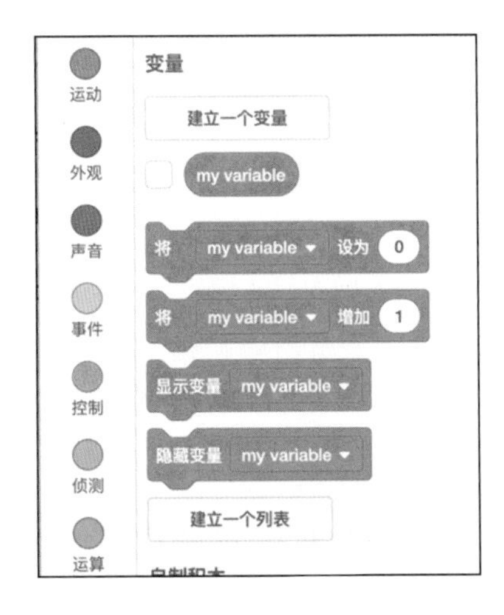

图 1-8　Scratch 里的运算模块（左）和变量模块（右）

如果觉得Scratch语言翻译官提供的积木还不够用，不用担心，我们还可以“自制积木”，点击 自制积木 就可以自己制作模块啦！我们在第7讲里会仔细讲解。

六、怎样让程序运行起来？

表演区上方的绿旗和红色八角形两个按钮分别是用来启、停表演的。通常我们把“当被点击”当作程序的第一条指令，这样点击小绿旗，就开始执行程序了。

这个小绿旗很有用。对于大型的Scratch程序来说，我们通常会把程序分成多个模块，以方便编写和调试程序，其中每个模块都是单独的一串积木。

当有很多模块的时候，角色先执行哪个脚本呢？我们把想让角色第一个执行的那个模块开头加上“当被点击”，这样一点击绿旗，角色会先执行这个模块，从这个模块再调用其他模块。这个模块是整个程序执行的起点，称为“程序入口”或者“主程序”。

七、第一个Scratch程序“Hello, world!”

刚才学了那么多基础知识，下面来实际操作，写我们的第一个Scratch程序吧！这个程序只有一个角色——一只小猫，程序的功能是让小猫跟大家打个招呼，说“Hello, world!”。

写Scratch程序很简单，基本上只需要三步：设置舞台背景、选定角色、给角色写脚本。我们这个程序比较简单，省略了舞台背景设置。这样开始编写：

第一步：选定角色

我们打开Scratch语言翻译官，无须执行任何操作，就可以在角色区看到一个角色：一只可爱的小猫，名字叫作Sprite1。这是Scratch语言翻译官自动给每个程序建立的角色。卜老师告诉我们，Sprite 是“小精灵、调皮鬼”的意思。

第二步：给角色写脚本

首先，我们点击积木区左侧的“事件”，从积木区拖出“当🏳被点击”积木，拖进程序代码区；对于不想再使用的积木，我们用鼠标把它们拖进积木区就能够删除了。

接下来，我们点击积木区左侧的“外观”，找到“说‘你好’”积木，将“你好”改为“ Hello, world!”，然后把这个积木拖到程序代码区，放在上一个积木的底下，将两个的缺口对上，放在一起，就完成啦！

你看，积木的形状有三角形的，有圆弧形的，有方形的，还有上面有缺口，但下面没有缺口的。只有缺口对得上的积木才能拼在一起哦！这很像拼装乐高积木吧？

现在程序看起来是图 1-9 的样子。我们点击一下表演区上方的小绿旗🏳，小猫就开始表演了。这是我们的第一个 Scratch 程序，你也赶快试试吧！

图 1-9　Scratch 程序“Hello, world!”

八、更复杂的 Scratch 程序

接下来我们来写一个复杂一点，也更有趣味的程序——托球游戏。这个游戏是这样玩的：游戏里有一个弹力球从上方下落，玩家用鼠标移动一个板子去托球，尽量不让球落地。球如果碰到板子或舞台边缘就会反弹，如果球没被接住，落到了地板上，那么游戏终止。

下面我们开始编写这个游戏程序。

第一步：设置舞台背景

我们画一条紫色线，表示地板。画法是这样的：首先把鼠标放在背景设置区最下方的图标上，然后在弹出的菜单条里点击画笔，就会看到一个背景绘制界面；我们点击左侧的画笔，在舞台背景的下方从左到右画一条线即可，画得不直也没关系。现在背景绘制区如图 1-10 左侧部分所示。

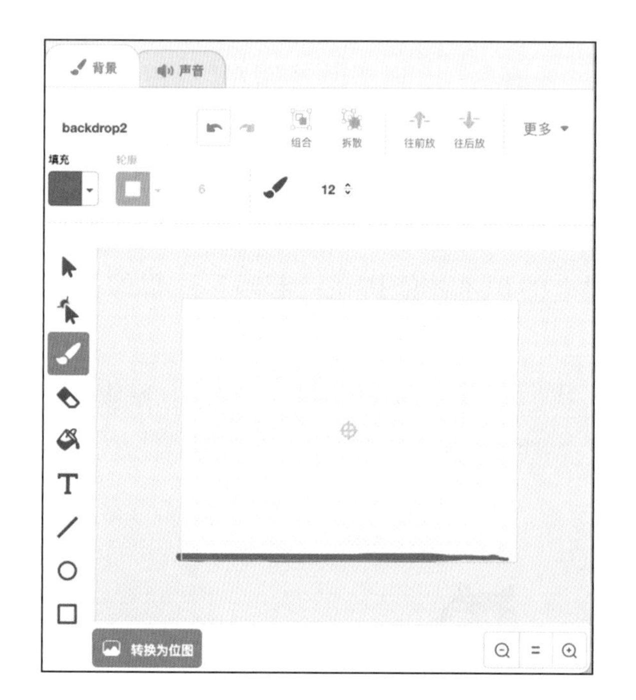

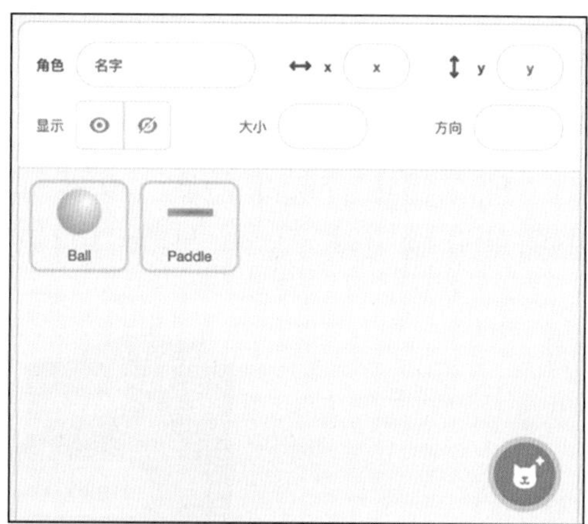

图 1-10 托球游戏程序中的背景绘制（左）和角色选择（右）

第二步：选定角色

我们创建两个角色：一个是球板，另一个是弹力球。直接点击角色设置区下方的，从 Scratch 自带的角色中选择球和球板；每个角色都有一个名字，Scratch 系统自动给球这个角色起了一个名字，叫作 Ball，给球板这个角色起的名字叫作 Paddle。当然，如果我们觉得这些名字不好听的话，可以自行修改，重新命名。现在我们的角色设置区如图 1-10 右侧部分所示。

第三步：编写球板的脚本

首先我们编写球板的脚本，功能是：让球板跟随鼠标左右移动。编写步骤如下：

1）先点击角色设置区中的球板，开始编写球板的脚本。

2）点击积木区中的“事件”，拖出“当🏴被点击”积木，放入程序代码区。

3）点击积木区中的“运动”，拖出“移到 x: −240 y: 40”积木，放入程序代码区，并接在“当🏴被点击”积木下方。因为我们想让球板一开始处于（0，−80）位置，也就是舞台靠下方一点的地方，所以我们把这个积木中的 x 改成 0，y 改成 −80。

4）点击积木区中的“控制”，拖出“重复执行”积木，接在“移到”积木下面。

点击积木区中的“运动”，拖出“将 x 坐标设为 −240”积木放入程序代码区，并放在“重复执行”积木里面。

5）为了让球板跟随鼠标移动，我们点击积木区中的“侦测”，拖出“鼠标的 x 坐标”积木，放入“将 x 坐标设为 −240”的“−240”处。

现在程序代码区如图 1-11 左侧部分所示。

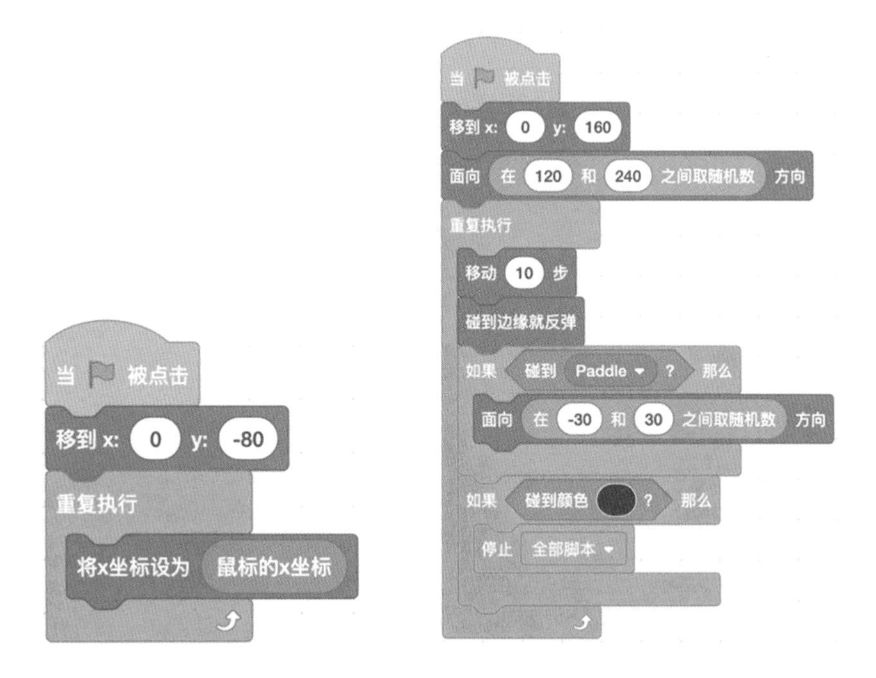

图 1-11　**托球游戏程序中球板的脚本（左）和球的脚本（右）**

第四步：编写球的脚本

接下来我们编写球的脚本，功能是：球一开始从正上方中心处落下，角度任意；每次移动 10 步；如果碰到舞台边缘和球板就反弹，反弹角度也是任意的；如果碰到紫色地板，就结束游戏。

详细的编写步骤如下：

1）先点击角色设置区中的球，开始编写球的脚本。

2）点击积木区中的“事件”，拖出“当🏳被点击”积木，放入程序代码区。

3）点击积木区中的“运动”，拖出“移到 x: −240 y: 40”积木，放入程序代码区，并接在“当🏳被点击”积木下方；我们想让球一开始处于上方中心处，因此把这个积木中的 x 改成 0，y 改成 160。

4）点击积木区中的“运动”，拖出“面向 90 方向”积木，接在“移到”积木的下面；点击“运算”，拖出“在 1 和 10 之间取随机数”积木，放入“面向 90 方向”积木的“90”处；我们想让球一开始落下时，在 120° 到 240° 之间随机选择一个方向，因此把 1 改成 120，把 10 改成 240（见图 1-12）。

5）点击积木区中的“控制”，拖出“重复执行”积木，接在“面向”积木下面。

6）点击积木区中的“运动”，拖出“移动 10 步”积木，放入“重复执行”积木里面。

7）点击积木区中的“运动”，拖出“碰到边缘就反弹”积木，接在“移动 10 步”积木下面。

8）为了让球碰到球板就反弹，我们这样操作：

- 首先点击积木区中的“控制”，拖出“如果那么”积木，接在“碰到边缘就反弹”积木下面。
- 然后点击积木区的“侦测”，拖出“碰到鼠标指针”菱形积木，放入“如果 那么”的菱形空里，并点击“鼠标指针”旁的下拉框，选择“Paddle”。
- 最后点击积木区中的“运动”，拖出“面向 90 方向”积木，接在“如果那么”积木里面；点击“运算”，拖出“在 1 和 10 之间取随机数”积木，放入“面向 90 方向”积木的“90”处。

- 当我们想让球碰到球板反弹时，在 -30° 到 30° 之间随机选择一个方向，因此把 1 改成 -30，把 10 改成 30。

9）为了让球碰到地板就结束，我们这样操作：

- 首先点击积木区中的“控制”，拖出“如果那么”积木，接在上一个“如果那么”积木下面。
- 然后点击积木区的“侦测”，拖出“碰到颜色●?”菱形积木，放入“如果 那么”的菱形空里，并点击颜色，更改成紫色。
- 最后点击积木区的“控制”，拖出“停止全部脚本”积木，放入“如果那么”积木里面。

这样，球的脚本就写完了（见图 1-11 右侧部分）。我们的程序运行起来是这样的：一开始，球处于舞台顶部中央，从 120° 到 240° 之间随机一个方向下落；然后移动鼠标，拖动绿色球板去接球；球碰到球板或者边界就反弹。这样弹过来弹过去，非常有趣（见图 1-12）。你写完了吗？快点击一下绿旗试试吧！

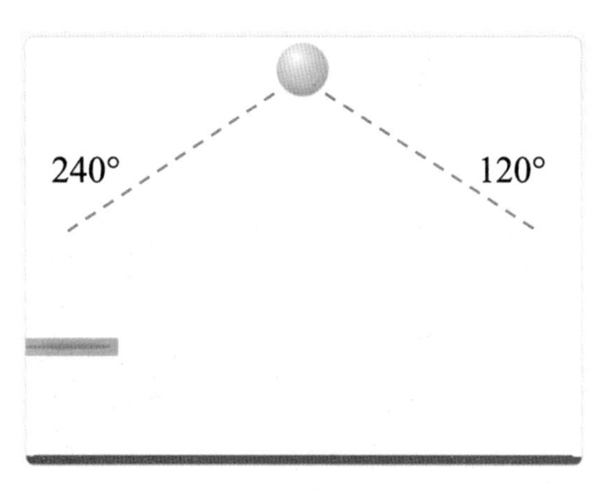

图 1-12　**托球游戏**

九、程序里的 bug 和 debug

bug 就是程序中出现的错误。那为什么叫 bug 呢？我们查了字典，bug 的意思可是“臭虫、小虫子”啊！包老师解开了我们的困惑。

原来在计算机刚问世的时候，它的内部是一个一个小灯泡（包老师说这叫电子管，见图 1-13 左侧部分）。有一次，这台计算机运行出错了，所有人都不知道是怎么回事。过了几天，程序员 Grace Hopper 发现一个小灯泡里有只小飞虫，把虫子拿出来后，计算机就正常运行了（见图 1-14）。

因为虫子的英文是 bug，所以后来当计算机出故障时，大家就说：“出 bug 了！出 bug 了！”图 1-13 中右侧图片里的那只虫子就是历史上第一个“计算机里的 bug”，旁边还有 Grace 写的注释“First actual case of bug being found”。

图 1-13　**早期计算机里用的电子管（左）和计算机程序里的第一个 bug（右）**

图 1-14　Grace Hopper 工作照（源自 https://en.wikipedia.org/wiki/Grace_Hopper）

在后面的每一讲里，我们都会总结一下到底出了哪些 bug，概括起来是以下几种原因：马虎、没有初始化变量、循环边界不正确、弄混了形式参数和实际参数。

出了 bug 怎么办呢？那就进行 debug 吧。老师告诉我们，英文里面把单词前面加上“ de”表示“否定、去除”的意思。debug 就是找到程序中的 bug 并改正它们。

那么怎样进行 debug 呢？我觉得 debug 就像是“警察破案”，我们要从蛛丝马迹中找出真相。我们总结了下面两种方法。

（1）看

在开始 debug 之前，必须保证自己大脑中有一个清晰的程序执行思路，顺着思路仔细阅读自己的代码两到三遍，也就是对照脑子里的思路和写出的程序，看是否有不同，一定要仔细！

（2）执行

有时候光看还不行，还需要执行。在找到可疑的地方之后，尝试修改一下，或者把这一段指令暂时移走，再次运行程序，看是否正常。

一个非常好的方法是“打印中间结果”，也就是设置一些用于调试的变量，把程序运行的中间过程都打印出来，看是不是按照我们的意图运行的。

还有其他的一些进行 debug 的方法，都放到了这本书的辅助阅读材料里，请读者参考辅助阅读材料吧。

十、教师点评

孩子们的第一堂课就写了这个托球的游戏，玩得非常高兴，积极性一下就调动起来了。拖曳式编程易于上手，程序运行结果一目了然，这是 Scratch 非常显著的优点！

我们在授课时把程序比喻成“角色的脚本”，孩子们很容易理解和接受。从笔记来看，孩子们已经理解并掌握了这一点。

在这一讲里，我们把拖曳、拼接积木的过程描述得比较清楚，在后续的章节里，将简化描述，不再这么啰唆了。

我们还给孩子们补充了一些有趣的历史：发现第一个 bug 的人是鼎鼎大名的女程序员 Grace Hopper，那台机器也大名鼎鼎，就是 Mark I 型计算机。Grace 是个传奇人物：她于 1934 年获得博士学位。在日本轰炸珍珠港之后，Grace 决定加入美国海军陆战队，并在那里负责 Mark I 型计算机的编程和维护。她提出了第一个编译器 A-0，使得能够“用英文单词进行编程”，而不再用普通人看不懂的机器码编程。她还设计了 COBOL 语言，被称为“ COBOL 之母”。

小 SIGMA 数学特别兴趣组里的孩子们听到这些事迹很受鼓舞，我们希望读到这本书的你也能受到鼓舞。

第2讲
角色的动作、绘图和音乐演奏

一、知识点

在上一讲中，我们学习了角色的一些基本动作，在这一讲里我们再多介绍一些。

（一）角色的方向

人站在地面上，可以面朝东、西、南、北等不同的方向。Scratch 里的角色也一样，也可以面向上、下、左、右不同的方向，这只需要指定面向角度就可以了，要记住一圈是 360°（见图 2-1）。

卜老师特别提示我们说，数学里通常把右方定义为 0°，然后沿着逆时针方向增加角度；Scratch 采用了不同的定义，上方是 0°，沿着顺时针方向增加角度，沿着逆时针方向就是减小角度，所以 −90° 也是 270°，它们表示的是一个方向。

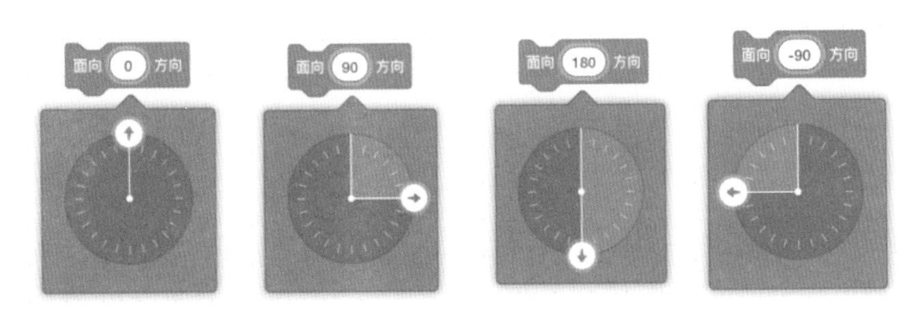

图 2-1　Scratch 程序里角度的定义

如果想面朝右上方，那执行图 2-2 里的这条指令就可以了。

图 2-2　角色转向示例：小猫面向 45° 方向

（二）角色变换造型

有些角色只有一个造型，有些角色有不止一个造型，可能有两个、三个甚至更多个造型。Scratch 程序一开始运行的时候，角色会自动采用第一个造型。如果点击“下一个造型”模块（在“外观”积木类），那些有不止一个造型的角色会展示下一个造型。

比如小猫一开始是“迈步”造型，腿是分开的，执行“下一个造型”指令之后，就会变换成“抬腿”造型。如果小猫连续不断地变换这两个造型的话，看起来就像在跑步了（见图 2-3）。

图 2-3　小猫的两个造型

（三）角色的画笔

现在我要跟大家讲一讲画笔。大家如果打开 Scratch 会发现，积木区里并没有画笔模块，这时可能会感到奇怪，为什么没有画笔模块呢？原来画笔藏在“扩展”积木里。

大家注意看，在这个积木区底下有一个小小的蓝色方块，里面画着两个积木块，还写了一个加号，这就是“扩展”积木类啦！用鼠标点击这个蓝色方块，就会看到一些“扩展”积木类，如画笔、文字朗读、音乐等（见图 2-4）。

图 2-4 Scratch 里的“扩展”积木块

我们再点击“画笔”，就会在左侧栏里看到“画笔”类积木了，有“落笔”“抬笔”“图章”等积木。

小猫执行完下面的一串指令，就会拐个弯，画出一个锐角来，还会在拐弯的顶点处盖个“图章”，也就是印上它自己的照片啦（见图 2-5）。

（四）角色演奏音乐

刚刚介绍的是画笔模块，现在我们要介绍一个与画笔在一起的“音乐”模块。音乐类积木中有演奏音符、设置演奏速度等功能。我们按照乐谱把这些积木组织成一串，就能够演奏乐曲啦！

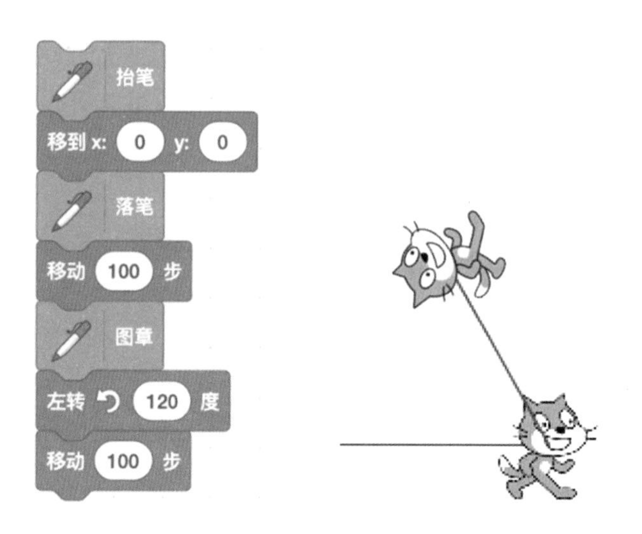

图 2-5 角色的“盖章”示例

（五）角色的遮挡

小朋友们，你有没有想过，如果两个角色移动到一起，一个角色会被另一个角色遮挡住，那谁在前面谁在后面呢？

Scratch 帮我们解决了这个问题。大家请看，外观模块中的倒数第 5 个和第 4 个就是两个控制分层的模块。一个是移到最前面或者最后面，还有一个是前移或者后移一层。大家看到了吗？这个就是用来设置谁在前谁在后的。

比如图 2-6 中，一开始小猫被小恐龙挡住了，但只要执行“前移 1 层”指令，小猫就移到小恐龙的上一层了。

图 2-6 角色的遮挡和“前移 1 层”示例

下面我们做了一个小实验：绘制一个会走动的钟表。我们一起看看怎么做吧。

二、动手练：一个走动的钟表

（一）实验目的

做一个走动的钟表，秒针每秒转动一格，分针每分转动一格，时针每小时转动一格。

（二）基本思路

1）钟表的表盘是固定不变的，可以设置成背景。

2）秒针、分针、时针要走动，我们把它们定义成 3 个角色，通过转换方向来实现走动。

3）秒针、分针执行“重复”操作，每秒循环一次，更改角度。因为秒针每 60 秒走一圈，而一圈是 360°，所以秒针的方向是“当前是第几秒 ÷60×360°”；分钟每 60 分转动一圈，因此分针的方向是“当前是第几分 ÷60×360°”。

4）时针执行“重复”操作，每分钟循环一次，更改角度。因为时针 12 小时走一圈，所以时针的方向是“当前是第几小时 ÷12×360°”。不过这样时针每小时才更新一次，走得“咯噔咯噔”的。为了更顺畅一些，我们每分钟更新一下时针的角度，把方向变成“当前是第几小时 ÷12×360°+当前是第几分 ÷60×30°”。

5）当前的时间可以用“侦测”里的“当前时间的秒”等来获得。

（三）编程步骤

（1）背景绘制

Scratch 系统没有钟表表盘，我们只好自己绘制了。我们把鼠标放在背景设置区右下角的◎上，然后在弹出的菜单条里选择画笔，即可开始绘制背景。

我们画一个圆圈表示表盘，然后在圆圈上标上1，2，3，…，12各个数。注意，背景绘制区中有一个带十字的圈圈，表示绘制区的中心；我们一定得保证圆圈的圆心在这个中心，如图2-7所示。

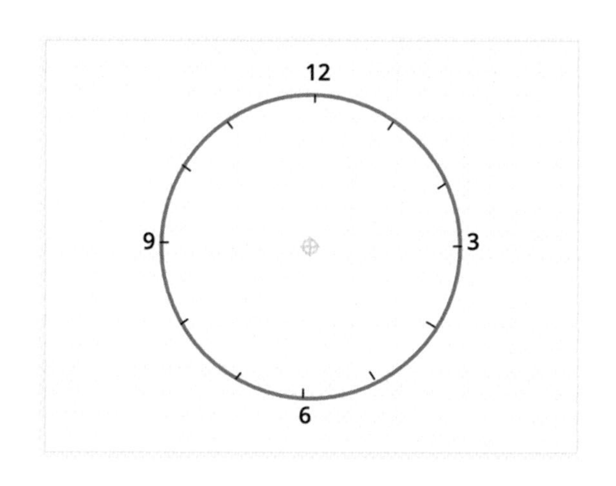

图2-7 “走动的钟表”实验里在背景区绘制表盘

（2）角色绘制

Scratch系统也没有现成的秒针、分针和时针，需要自己绘制。我们把鼠标放在角色设置区右下角的◎上，然后在弹出的菜单条里选择画笔，即可开始绘制角色了。

我们画一条红色细横线表示秒针。注意：一定要以角色绘制区里的十字线为起点开始画；这个点是角色的“中心点”，角色旋转时是围绕这个中心点旋转的。分针和时针的绘制方法与此类似。

卜老师提示我们，Scratch2.0版本中可以指定角色的“中心点”，而在Scratch 3.0中，以十字线作为所绘制角色的中心点。

（3）角色的脚本

现在我们有三个角色，下面得为每个角色单独写一个脚本（见图2-8）。

在这里，我们让秒针角色执行“移到最前面”，让时针角色执行“移到最后面”，这样秒针就不会被时针挡住啦！这里我们使用了“重复执行”积木，后面我们会详细介绍。

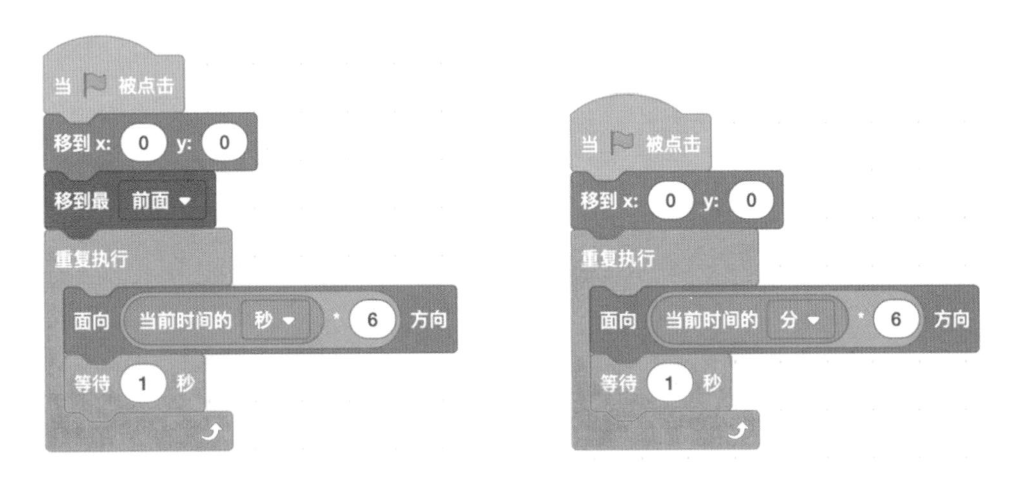

图 2-8　**秒针的脚本（左）和分针的脚本（右）**

（四）实验结果

现在我们点击一下绿旗，就能看到一个精美的钟表啦！图 2-9 是我的程序画出的时钟，秒针每秒走一格，很好看吧！

图 2-9　**时针的脚本（左）和实验结果（右）**

（五）遇到的 bug 及改正过程

bug：一开始我们画秒针时，没从十字线中心开始画，结果秒针旋转时，是“偏心旋转”，很不好看。

改正：后来改成从十字线中心开始画，就好了。

（六）思考与延伸

倒着走的时钟怎么写程序呢？

三、课后作业

今天的课后作业是完成两个小实验：写程序让小猫演奏《两只老虎》、用计算机键盘来模拟钢琴。

（一）实验一：音乐演奏

（1）实验目的

写程序让小猫自动演奏《两只老虎》乐曲。

（2）提示

- 《两只老虎》的乐谱可以从网上搜索。
- 我听了一下 Scratch 里的各个音调，发现了它们和音之间的对应关系（见表 2-1）；我们只需要按照乐谱发出对应的声音就行了。

表 2-1 Scratch 里的音调和音之间的对应关系

音	Scratch 中的音调
Do	62
Re	64
Mi	66

（续）

音	Scratch 中的音调
Fa	67
Sol	69
La	71
Si	73
高音 Do	74

（二）实验二：用计算机键盘弹钢琴

（1）实验目的

用计算机键盘模拟钢琴键盘，把计算机变成一台简易钢琴。

详细地说，当我们按下 1 键，发出 Do 的音；当按下 2 键，发出 Re 的音；当按下 3 键，发出 Mi 的音；当按下 4 键，发出 Fa 的音；当按下 5 键，发出 Sol 的音；当按下 6 键，发出 La 的音；当按下 7 键，发出 Si 的音；当按下 8 键，发出高音 Do 的音。

（2）提示

我们需要检测用户“按下一个键”这类事件，然后每当检测到这类事件，就演奏对应的音。检测按键可以在“事件”类积木里找到。

四、教师点评

第二堂课的目的是继续讲授角色的基本动作，扩展到了画笔和音乐演奏。用画笔模块，能够快速画出图形；用音乐模块，能够演奏乐曲，这使孩子们很有兴趣。

从这一堂课起，我们讲实验的时候总是分成“实验目的、基本思路、编程步骤、实验结果、遇到的 bug 及改正过程”5 大环节来讲解，孩子们比较容易理解，也能够按照这个来做笔记和总结。

我们还留下一个“思考和延伸”小节，供孩子们自由发挥；有时候孩子们写出来的东西出乎大人的意料。

第 3 讲
变量：角色的记忆

一、知识点

（一）什么是变量？

角色想记录东西的时候，就要用到变量。

比如在第 1 讲的托球游戏里，球拍想记录总共打了多少个球，就可以创建一个变量“托了几次球”。游戏一开始的时候，我们设置这个变量的值等于 0，然后每托一次球，就把这个变量的值增加 1，这样这个变量的值就是总共托了几次球啦！

变量变量，就是会变化的量。那什么变了呢？每个变量都有一个名字，还会有变量的取值；名字不能变，只有值可以变。我觉得变量就像一个盛水的水杯，变量值就是里面的水，值的大小就是水的多少。

图 3-1 中给出了一些在 Scratch 中可以进行的对变量的操作。

图 3-1　Scratch 中对变量的操作：建立变量、改变变量以及显示 / 隐藏变量

（二）变量名字的写法

变量的名字可以用中文，也可以用英文。

如果用英文的话，是用大写英文字母还是小写英文字母呢？计算机程序里常用的规范是这样的：

- 变量名的第一个单词首字母小写。
- 其他单词的首字母都要大写。
- 所有单词除了首字母外其他字母都要小写。

比如用英文变量表示“托了几次球”，写成“numberOfHits”。这样高低起伏的看起来像骆驼峰一样，所以叫“驼峰”命名法。

（三）变量有几种？

刚才我们讲的“打了几次球”变量，它的值可以是 0，可以是 1，还可以是 2，3，4，等等，总之都是整数。我们把这种变量叫作整数变量。

要是想用变量表示小猫的名字，就不能用整数了。比如 Scratch 里默认的角色小猫叫“Sprite1”，是一串字母，我们将它叫作字符串。还有其他种类的变量，比如布尔型（就是表示是否），等等，后面用到时再讲吧。

（四）什么是局部变量和全局变量？

当角色建立一个变量时，可以让所有角色都使用，这样的变量叫作“全局变量”。比如汤姆和杰瑞一起做了一些香肠，香肠的数目两人都知道，我们就可以把“香肠的数目”设置成全局变量。

也可以让变量只被我们自己使用，这个变量就叫作“局部变量”，比如汤姆把香肠藏在“秘密位置”，这个位置不能让杰瑞知道，所以要用局部变量。

（五）怎样建立变量？

我们点击最左侧的“变量”按钮 变量，再点击“建立一个变量”按钮建立一个变量，在出现的对话框里只需要输入变量名就行了。你看到没有，下面有两个选择项，我们可以选择是让这个变量只被当前角色使用（局部变量），还是所有角色都可以使用（全局变量）。

二、动手练：给托球游戏加一个计数器

（一）实验目的

在第 1 讲里，我们做了一个托球游戏。现在我们给这个游戏加上一个计数器，数数我们能够坚持托几个球。

（二）编程步骤

（1）角色设计

在第 1 讲里，我们已经设置了球和球拍两个角色，现在不用再新增角色了。

（2）变量设计

我们增加一个变量，变量名叫“托了几次球”。游戏一开始的时候，这个变量的值是 0，然后球拍每托一次球，就把这个变量的值增加 1。

（3）角色的脚本

球拍的脚本不用变，我们只修改球的脚本就可以了。

（三）实验结果

我们每托一次球，计数器的值就增加 1（见图 3-2）。

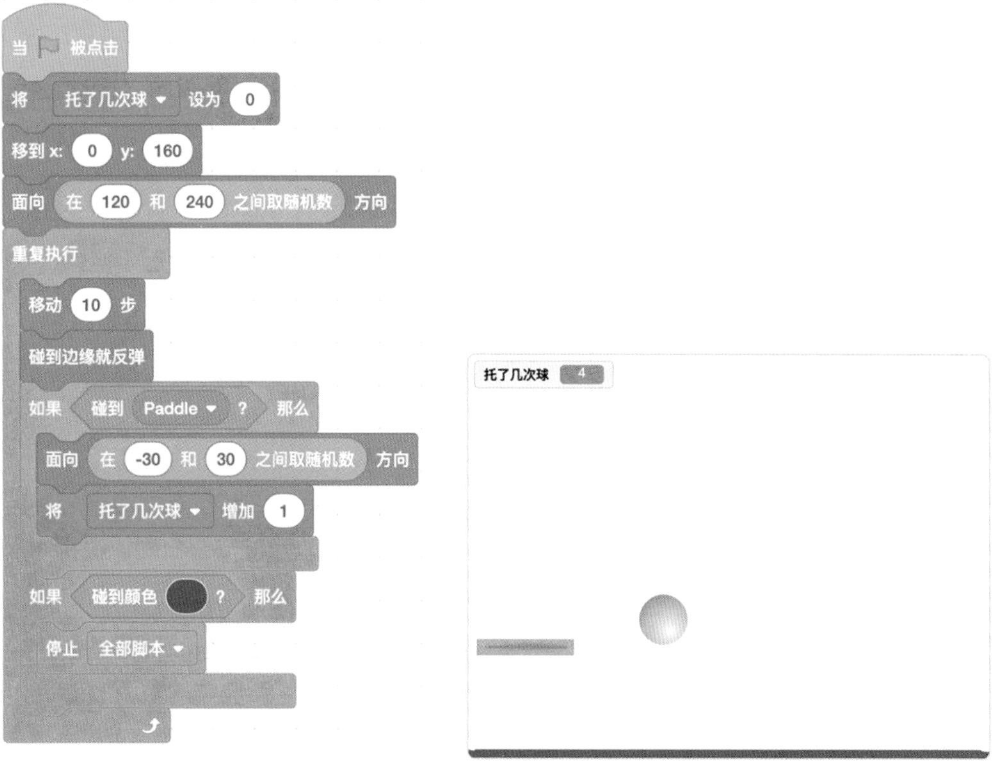

图 3-2　带计数器的托球游戏（左）及实验结果（右）

三、课后作业

实验：小猫出口算题

（1）实验目的

小猫出加法口算题，比如“56+98=?”，然后让人来回答，小猫检查算得对不对。小猫还要计时，看看你用了几秒算出来。

（2）基本思路

1）怎样才能随机出题呢？

随机出题就是先定义好两个变量 x 和 y，然后每个数可以从 1～99 中任意选择，这可以用“在 1 和 99 之间取随机数”这个积木块来实现（这个积木块在“运算”类中）。

2）怎样接收用户答案呢？

接收用户答案可以先用“询问……并等待”这个积木块提问，然后用“回答”积木块接收用户答案（这两个积木块都在“侦测”类中）。

3）怎样判断对错呢？

用计算机算的结果和用户输入的结果进行比较，如果计算机的结果等于用户的结果，那么这道题就算对了，否则就是答错了。比如小猫出题和判断对错的过程是像图 3-3 中显示的这样的。

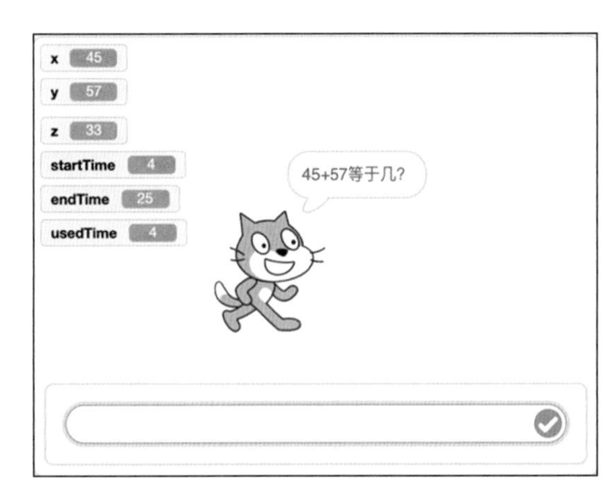

图 3-3　小猫出口算题（左）及验证用户的回答是否正确（右）

四、教师点评

当角色记忆内容时，就要用到变量了。有的变量是角色自己知道的变量，有的变量是所有角色都知道的变量。这两种变量的区别一开始孩子们不太清楚没关系，在后面“克隆”那一讲用到时，很容易就弄明白了。

变量有名字，还有值。孩子们用“水杯”和“水杯里的水”来比喻“变量名”和“变量值”很形象，这是我们事先没有想到的。

我们布置了课后作业，孩子们写了几个程序之后，基本上就掌握这些知识了。

第4讲 循环：重复做动作

一、知识点

（一）什么是循环？

现在我来介绍循环。循环就是把一个或者几个动作重复做很多次。比如我们想让小猫排成一行，每隔 80 步留个影（见图 4-1）。

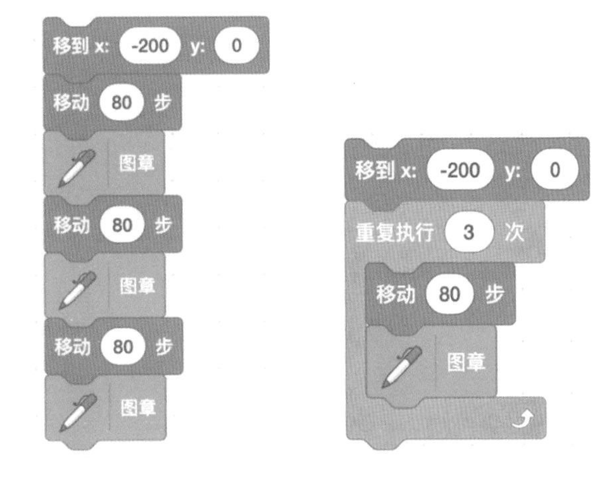

图 4-1 **小猫每隔 80 步留个影（左）、不用循环的脚本（中）、用到循环的脚本（右）**

这个功能可以这样实现：留几个影就写几遍（见图 4-1 中间部分）。不过这样写太麻烦了。这里小猫只移动了 4 次，留了 4 个影子，用了 8 个积木块；要是走上 10 000 步，那得用多少积木块啊？这个程序编写起来可要等到猴年马月啊！

这时“重复执行”积木就能帮上忙了，我们用“重复执行 4 次”积木块，能够达到同样的效果（见图 4-1 中右侧图）。

在程序里的“重复执行”指的就是循环。你看这样简单吧！

（二）“重复执行”积木的种类

重复执行有三种类型：

第一种就是“重复执行”，不指定循环次数，因此会永远执行下去（也可以加上一些语句，以终止循环）。比如小猫将造型 1 换成造型 2，走几步，然后再换回造型 1 走几步。这样不断重复，那么播放这段代码，就会看到一个小猫走路的动画（见图 4-2）。

第二种是“重复执行……次”，事先指定重复次数。这种执行方式我们一开始就用过了，这里就不多介绍了。

第三种是“重复执行直到……”，也就是循环执行，直到满足事先指定的结束条件为止。有时候我们事先无法知道到底重复了多少次，这时候就需要用“重复执行直到……”类型了。比如我们可以让小猫不断地走，但是如果你用鼠标挡住它，它就停下了（见图 4-2）。老师提醒我们，如果结束条件一开始就满足，那么循环体里的动作一次都不会执行。

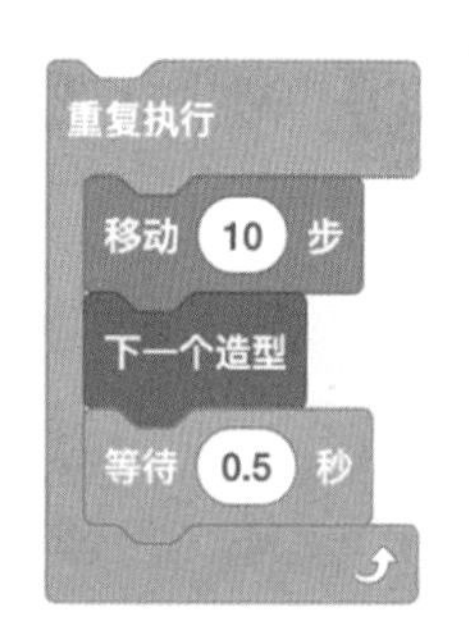

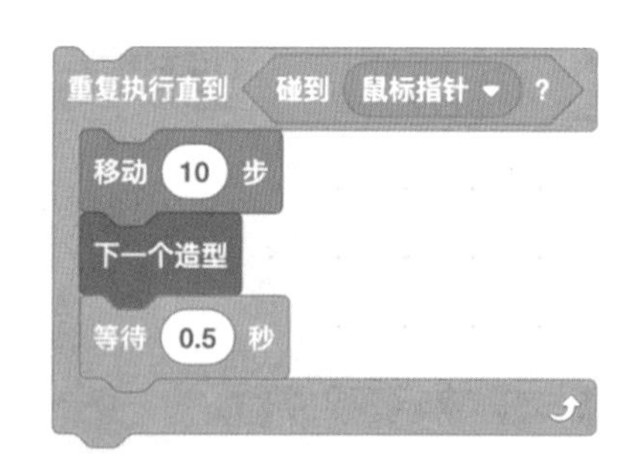

图 4-2　实现小猫走路的程序：永不终止版本（左）和碰到鼠标指针就终止的版本（右）

讲到这里，如果你很细心的话，会发现“重复执行……次”和“重复执行直到……”两个积木块的空格有点不一样：一个是圆形的，一个是六边形的。原来圆形空和六边形空处都要填一个参数。不过圆形空里面只能填写一个整数，叫“数字类型参数”；六边形空里要填一个条件，叫“布尔类型参数”。

“数字类型参数”就是指它的值是数字，这很好理解。“布尔类型参数”也就是真和假，判断符不符合条件。那为什么叫“布尔”，不叫“真假”或“T/F（True/False）”呢？因为这是一个叫布尔的人提出的，所以就命名为“布尔类型参数”。

（三）循环的嵌套

下面我们来讲循环嵌套。循环嵌套就是循环里面还有循环。比如图 4-3 是一个大循环套中循环，中循环又套小循环。你猜小猫会叫几次？

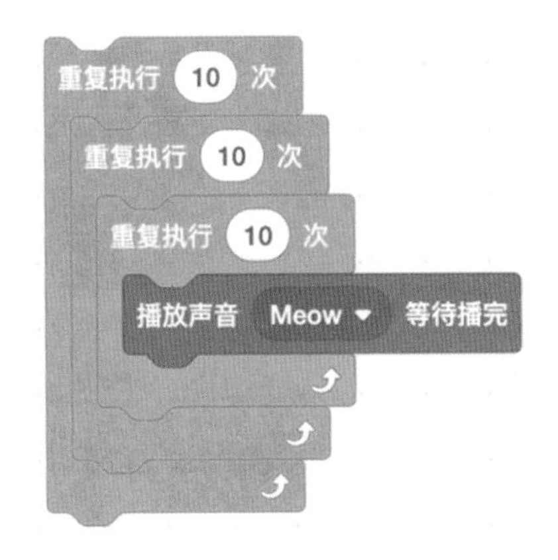

图 4-3　循环的嵌套

有人会说：“这很简单，10+10+10=30（次）。”哦！这当然不对了！想想看，你走 10 步，让小猫在你每走一步后就对着你叫 10 声，那小猫共叫了多少声？

这道简单的数学题你肯定会做：10×10=100（声）啊！

循环的嵌套也是一样的道理。上面的那个循环嵌套了 3 次，那小猫就要重复叫 10×10×10=1000（声）？

（四）写循环的小秘诀

写循环时要自问 3 个问题：

第 1 问：循环开始时变量有初始值吗？

第 2 问：循环结束时变量有终止值吗？

第 3 问：循环里，变量的值是怎样变化的？

只要在心里时刻去想这 3 个问题，这样做循环就不容易出错了。

二、动手练：阅兵方阵

（一）实验目的

咱们今天要做一个实验。大家都看过阅兵吧？士兵们站成了一个矩形，非常整齐。今天我们就用小猫来模拟一下，让它排个阅兵方阵吧。

（二）基本思路

听到这里你可能会不明白——阅兵方阵有很多个人，我这里只有 1 个角色，怎么办？你们可能会想到用多个角色，但是我们等一下还要安排它们站到不同的位置，还要根据这个方阵有多少人来添加角色、复制代码，是不是很麻烦？

告诉你们吧，我们可以用克隆技术来实现，这个技术在下一讲就介绍。现在我们只用一个小猫角色，让它去指定的位置盖个图章吧。

（三）编程步骤

（1）角色设计

这里只用一个角色：小猫。

（2）变量设计

要站成一个阅兵方阵的话，我们需要知道方阵有多少行，每行有多少人。因此，我们用了两个变量：

- 几列
- 几行

（3）过程描述与代码展示

我们让小猫从第一行的第一列开始，逐个去站位，每隔50步站一只，站满了一队就换下一队，再从头开始。

为什么最后要加个“隐藏”呢？因为不隐藏的话角色有时就会暴露出来，队列就不整齐了。这段程序见图4-4左侧部分。

（四）实验结果

下面我们来试一试吧。比如输入行数为4，列数为3，屏幕上就会出现12只小猫，排成3列，每列4只（见图4-4的中间部分）。

多试几次吧！行数为5，列数为5是不是就是正方形队列了？每条边上都有5只小猫（见图4-4中右侧部分）。

（五）思考与延伸

如果你想在生活中试一试这种整齐的方阵，我们给你提3条建议：

第1条，你每天肯定都做早操，站在很高的楼层里，隔着窗户拍下你的同学拍成的方阵。但是如果被老师发现你没去做早操，那可就……

第2条，如果你有幸能到现场看阅兵，你就能感受到阅兵方阵有多么整齐！

第3条，也是最令人不可思议的。你听完之后可能会说：“啊？啊？这也叫方法？”但你也有可能对这种方法感兴趣，那我就说出来：你刻意养许多宠物，训练它们，让它们能排成整齐的方阵。当然，我只是说个笑话，你就不要再纠结是养小猫还是小狗了。

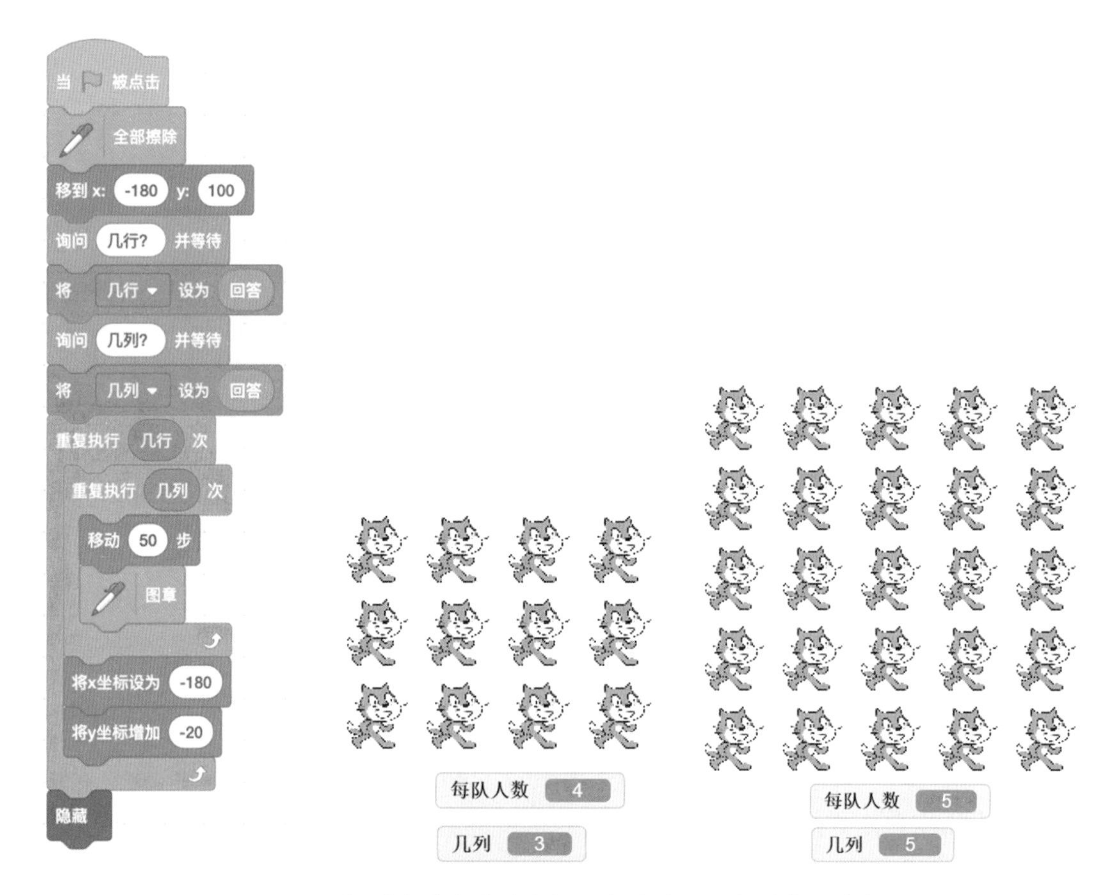

图 4-4 阅兵方阵程序（左）及实验结果示例（中、右）

三、教师点评

循环就是重复。重复一段脚本的笨方法就是重复几次写几遍，不过这样一来，一是写程序很慢，二是有时候事先无法判断到底要重复几次。Scratch 里的“重复”积木是更好的一种方法。

这一讲从对比这两种方法开始，孩子们掌握得很快，写得很有乐趣。当然了，孩子们初学“重复”，也犯了一些典型的错误，比如边界条件设置不对、循环变量更改方式不对，等等。孩子们把这些错误都记录了下来，以免再犯。

我们还给孩子们补充了一些“布尔变量”的知识：布尔变量是只有“真、假”两个值的变量，是英国数学家乔治·布尔提出的。

布尔是一位小学老师，他提出了用布尔变量表示“一句话是对还是错”，然后把逻辑推理表示成“公式的运算”。这样的好处是：即使是复杂的逻辑推理，我们只需要按部就班地一步一步运算，就能验证推理是否正确，并得到逻辑推理的结论。

第5讲

克隆：角色的双胞胎和多胞胎

一、知识点

（一）什么是克隆？

你听说过克隆羊吗？别给弄混了，它和试管山羊是不一样的。试管山羊是从母羊的卵细胞里培养出来的小羊，而克隆羊是用一只羊的体细胞做出来的一只完全一模一样的羊。

我上网查了一下，在生物学中，克隆是指生物体通过体细胞进行的无性繁殖，有时也指应用这项技术繁殖出的基因型完全相同的后代个体。卜老师说克隆是英文单词“clone”的音译，原意表示“无性繁殖”，引申义是“复制”。

好了，现在我们继续说程序。程序里的克隆就是复制一个一模一样的角色，生成角色的双胞胎，甚至多胞胎。关键是这些多胞胎有相同的脚本，能够避免我们为每个角色重复写脚本，是不是很方便？

（二）什么时候用克隆？

我们用上一讲里的阅兵方阵做例子，你立刻就会明白什么时候会用到克隆了。在上一讲里，每只小猫是用“图章”积木画出的一个图片，这个阅兵方阵是不能动的。

要是想让阅兵方阵整体列队行进，那该怎么办呢？小猫要想移动，就得有脚本啊，所以一种方法是有几只小猫，我们就创建几个角色，为每个角色写一个脚本。

咱们从最简单的、只有两只小猫的队列做起：我们建立两个角色，一个叫 Sprite1，另一个叫 Sprite2（见图 5-1 中左侧部分）。这两只小猫的脚本基本上是相同的，只是起点有些差异：一个是从（0, 0）点起步走，另一个是从（0, 50）点起步走（见图 5-1）。

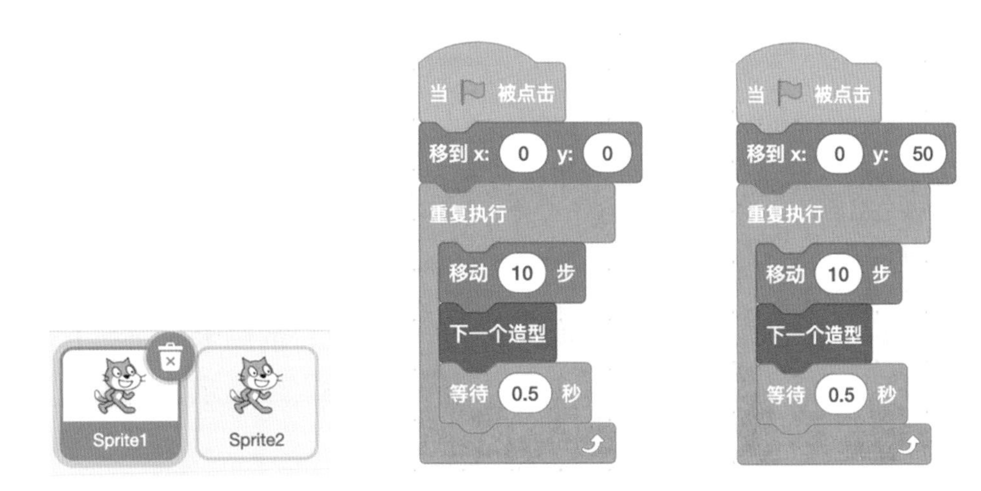

图 5-1 两个角色（左）及它们的阅兵方阵脚本（中、右）

这两个角色负责移动的脚本是一模一样的。点击一下绿旗，你会看到它们走起来步调一致，很整齐。

现在两只小猫可以列队行进了。不过要是 1000 只小猫列队行进，那可得手动建立 1000 个角色，每个角色的脚本虽然一模一样，可是我们还得手写啊，这可怎么办？

这时就该让克隆技术大显身手了：我们建 1000 个小猫的克隆体，这些克隆体都有相同的脚本，这就避免了我们为每个角色单独写脚本。

二、动手练：阅兵方阵列队行进

（一）实验目的

让小猫排成一个阅兵方阵，并且列队行进。

（二）基本思路

我们首先创建一个小猫角色，名字叫 Sprite1，然后让这个小猫生成多个克隆体。比如方阵有 3 行 2 列，我们就生成 6 个克隆体，加上原始角色 Sprite1，我们会看到一共有 7 只小猫。

在用克隆技术时，我们要注意下面几点：

1）创建克隆体时使用的是“克隆自己”积木块（在“控制”类里）。

2）当克隆体刚刚生成时，跟原角色是一模一样的，当然了，后面克隆体可以改变自己的状态。这里，我们让角色每走到一个位置就克隆一次，这样克隆的初始位置就有了。

3）克隆体执行哪段脚本呢？我们把克隆体要执行的脚本前面加上“当作为克隆体启动时”积木（在“控制”类中），就是图 5-2 中显示的这个。

图 5-2 “当作为克隆体启动时”积木

提醒一下：原始角色 Sprite1 的脚本前面是“当🏳被点击”（在“事件”类），可不要弄混了啊！

（三）编程步骤

（1）角色设计

只有一个角色小猫，名字叫 Sprite1。

（2）变量设计

跟上一讲一样，我们设置两个变量“几行”和“几列”，表示阅兵方阵的行数和列数；此外，我们还要新增加两个变量“我的 x 坐标”“我的 y 坐标”。不过建立这两个变量时一定要选择“仅适用于当前角色”，否则所有克隆体的

“我的 x 坐标”变量都是同样的值，“我的 y 坐标”变量也都是同样的值。

（3）过程描述与代码展示

我们让小猫从第一行的第一列开始，逐个去站位，每隔 50 步站一只；站满了一队就换下一队，再从头开始。不过站位时是“克隆”一个自己（见图 5-3 中左侧部分）。

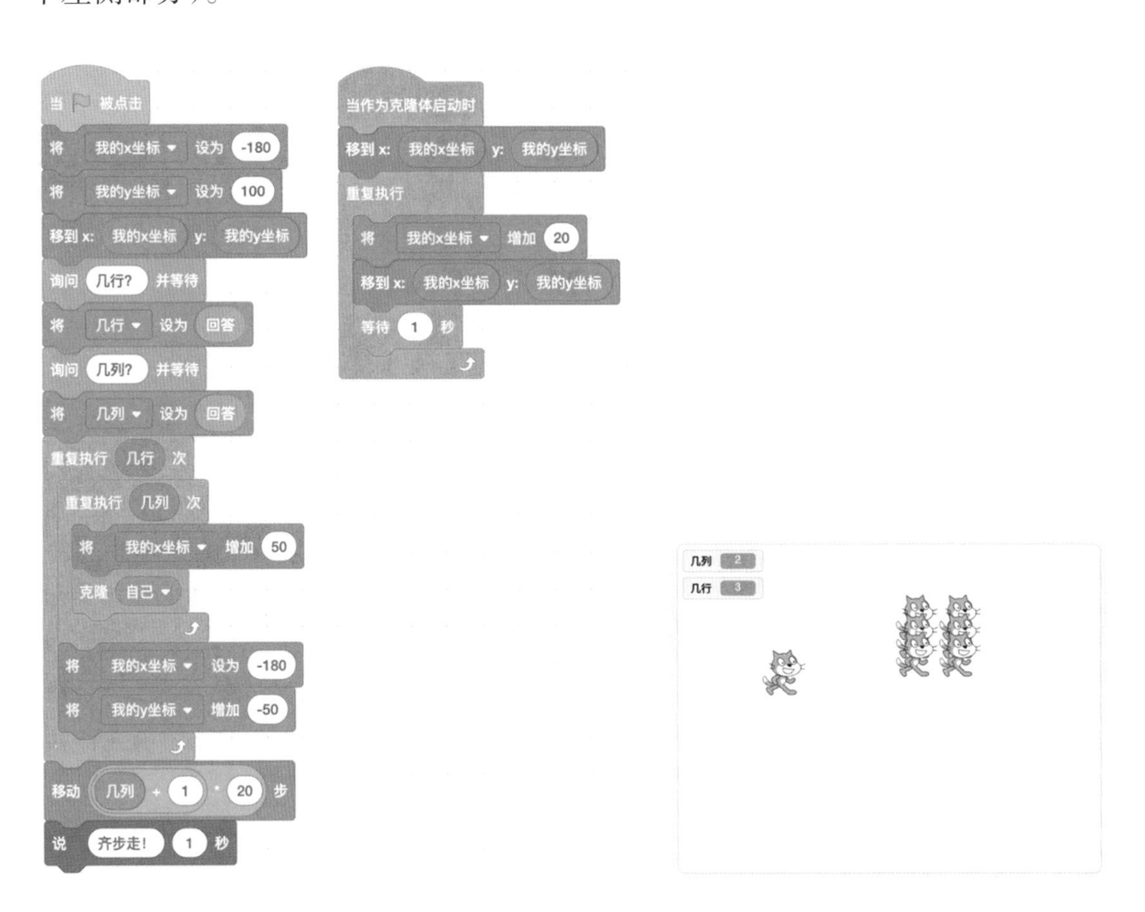

图 5-3　**用克隆技术实现的阅兵方阵脚本（左）及实验结果（右）**

（四）实验结果

现在点击绿旗，输入行数和列数，你就会看到小猫排好方阵，然后每秒走一次了（见图 5-2 中右侧部分）。

注意，这六个克隆体的脚本相同，但是起始位置是各不相同的；每个克隆体的起始位置是创建克隆体时角色的位置。

（五）遇到的 bug 及改正过程

bug：今天我遇到一件奇怪的事情，一开始程序运行得好好的，突然再运行时小猫都不出现了。程序没做任何改动啊，真奇怪！

改正：我查了半天，才发现一个低级错误——我不小心按到了角色区的显示开关上，关闭了小猫的显示。怪不得呢！重新打开显示开关就好了。

（六）思考与延伸

我觉得克隆最大的好处就是避免了对每个角色重复编写相同的脚本。

克隆很有用，但是也不能无限制地生成克隆体。当克隆体达到一定数量的时候，Scratch 就会停止克隆。

我们可以自己测试一下，比如新建一个变量，将变量的初始值设置为 0，每克隆一个就增加 1，最后就可以看到最终的克隆体个数了。我试了一下，克隆到 300 个左右就无法继续下去了。这是因为克隆体越多，需要的内存也越多，短时间内大量增加克隆体会导致计算机内存消耗极大，容易卡死。

那么，在使用克隆功能的过程中要如何解决这个问题呢？ Scratch 提供了一个“删除此克隆体”的积木（在“控制”类中），在用完克隆体后要及时删除。

三、教师点评

克隆是非常有用的技术，能够避免重复写脚本。当两个角色的脚本完全相同时，我们把这个角色设置为一个角色的两个克隆体，只需要写一份脚本就可以了。

这一讲从“阅兵方阵列队行进”讲起，从一开始的笨方法引出“克隆”技术。对比笨方法和用了“克隆”技术的新方法，孩子们很快就明白了什么时候用克隆技术。

条件判断：角色根据情况做动作

一、知识点

（一）什么是条件判断？

角色的有些动作，不是总是执行的，而是根据情况有选择地执行。比如我想去踢球，可是妈妈说踢球可以，不过得满足一个条件：

如果“做完作业”，那么“可以去踢球”；否则“只能继续留在家里”。

在这个例子中，“做完作业”就是条件。对于一个条件只有两种结果：要么满足，要么不满足。

（二）多个条件的组合

如果有两个条件的话，组合就多了（见图 6-1）。比如除了“做完作业”这个条件之外，妈妈又提高了要求，提出了第二个条件：

如果“做完作业”，并且“弹琴时间 >50 分钟”，那么“可以去踢球”；否则“只能继续留在家里”。

在这个例子中，“做完作业”是条件 1，“弹琴时间 >50 分钟”是条件 2，同时满足这两个条件才能去踢球，这时候就用“条件 1 与条件 2”。

我总是琢磨，要是换成下面的组合该多好：**如果“做完作业”，或者“弹琴时间 >50 分钟”，那么“可以去踢球”；否则“只能继续留在家里”。**这样的话，两个条件中有一个成立就可以去踢球，我就可以挑简单的做了。

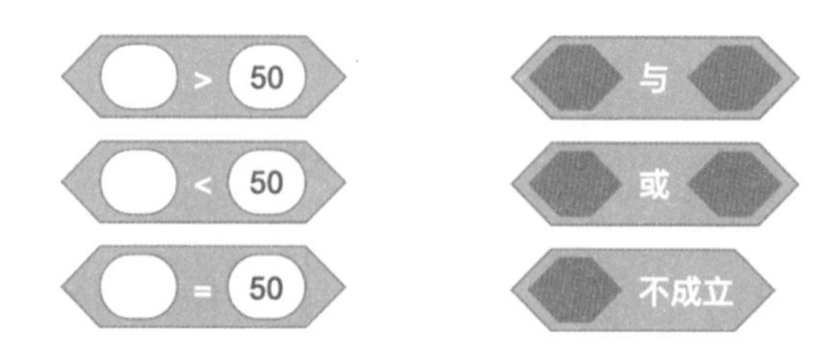

图 6-1 Scratch 中用“>,<,=”做条件判断（左）以及条件的组合（右）

二、动手练：判断奇偶数

（一）实验目的

用户输入一个数，小猫判断这个数是奇数还是偶数，并说出“是奇数”或“是偶数”。

（二）基本思路

1）小猫让用户输入一个数。

2）如何判断是否能被“2”整除呢？可以通过求这个数除以“2”的余数来判断。余数等于“0”，那么这个数是偶数，否则这个数就是奇数。

（三）编程步骤

（1）角色设计

我们只需要创建小猫一个角色。

（2）变量设计

我们创建变量 num，表示用户输入的数字。

（3）脚本展示

这个程序请参考图 6-2 中左侧部分。

（四）实验结果

如图 6-2 中右侧部分所示，我们输入 49，小猫回答“奇数”，回答正确！

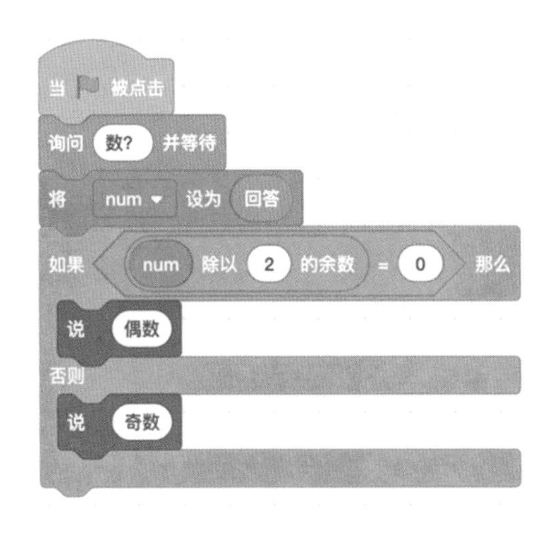

图 6-2　判断奇偶数的程序（左）及实验结果示例（右）

（五）遇到的 bug 及改正过程

不过我多测试了几个数，发现程序中还是有 bug。

bug1： 输入一个小数 3.1，结果小猫判断是奇数。这是不对的，因为一个小数既不是奇数也不是偶数。

改正： 我在程序上加了一个条件判断“如果……，那么……，”只有是整数时才能进行奇偶数的判断。

改正了这个 bug 之后（见图 6-3），程序运行正常了，测试结果如表 6-1 所示。

表 6-1　修正后的判断奇偶数程序的实验结果

输入数	程序输出
0	偶数
11	奇数
8	偶数

（续）

输入数	程序输出
142	偶数
1.6	提示“请输入一个整数”
4809	奇数

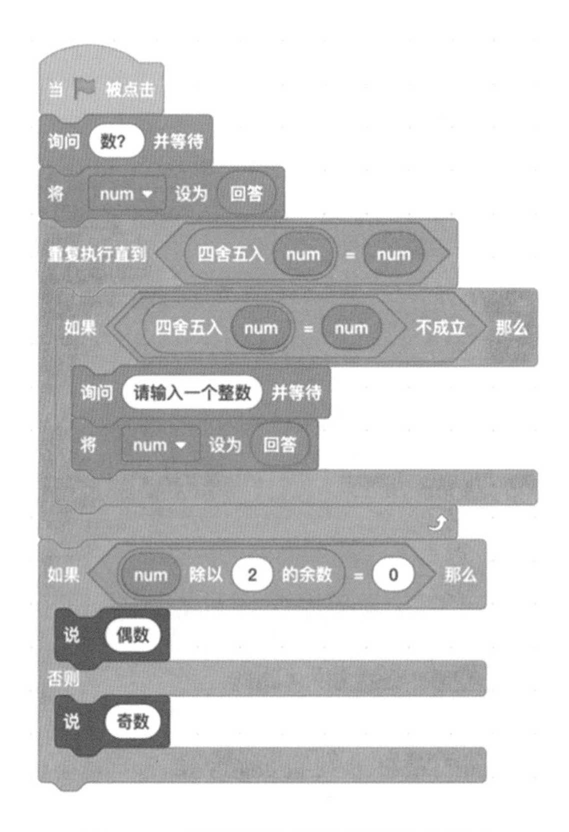

图 6-3　修正后的判断奇偶数的程序

三、教师点评

日常生活中常常会用到条件判断：我们根据条件做不同的事情。稍微难一点的地方是条件的组合，因为有时需要同时满足两个条件，有时则需要两个条件满足一个就可以。不过只要联系自己身边的例子，孩子们也能够很快掌握条件的组合。

过程：程序的模块化

一、知识点

（一）什么是过程？

程序里有时会有重复的代码。例如，我想画两个三角形，于是写了图 7-1 所示的这段代码：

运行这段代码的确可以画出两个三角形，不过这段代码太长了，而且有很多重复：画第二个三角形时，又把画第一个三角形的代码重复了一遍，只是简单地改动了几个数字。

那么有没有简洁的方案呢？

有，“过程”就是解决这种问题的简洁方案：我们首先把画一个三角形这段代码抽出来，构成一个模块，这个模块就叫“过程”；然后我们只需要调用这个过程两次就可以了。

什么叫“调用”一个过程呢？调用一个过程就是“ copy+paste”，就是把这个过程里面的指令复制一份，然后粘贴过来。好理解吧？如果这个过程中还有参数，会复杂一点，我们一会儿仔细介绍。

（二）在 Scratch 程序里怎样实现过程？

在 Scratch 里，过程就是积木块，我们通过“自制积木”创建一个新的过程，具体包括以下 3 个步骤。

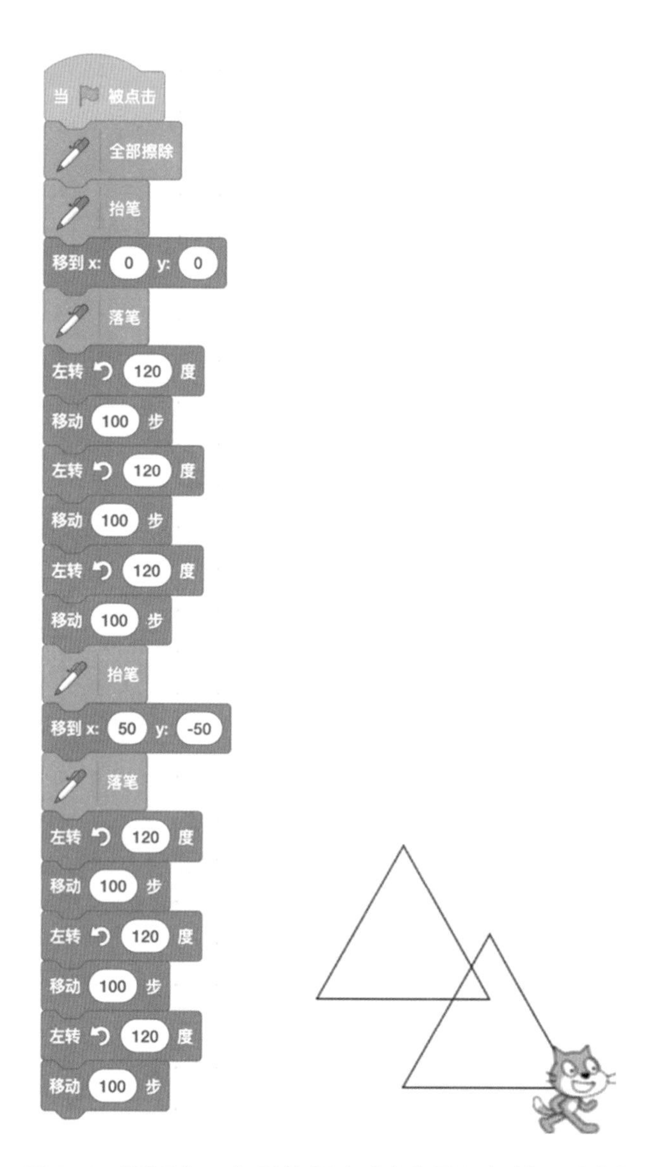

图 7-1　画两个三角形的程序（左）及运行结果（右）

第一步：定义过程

首先点击左侧的“自制积木”，然后点击“制作新的积木”，输入给过程起的名字，还有过程需要的参数。

以画三角形为例，我们给新建的过程起名字叫“画三角形”，然后点击“添加输入项 数字或文本”，为这个过程设置了三个形式参数：边长、顶点 x（即

顶点的 x 坐标）和顶点 y（即顶点的 y 坐标)(见图 7-2）。

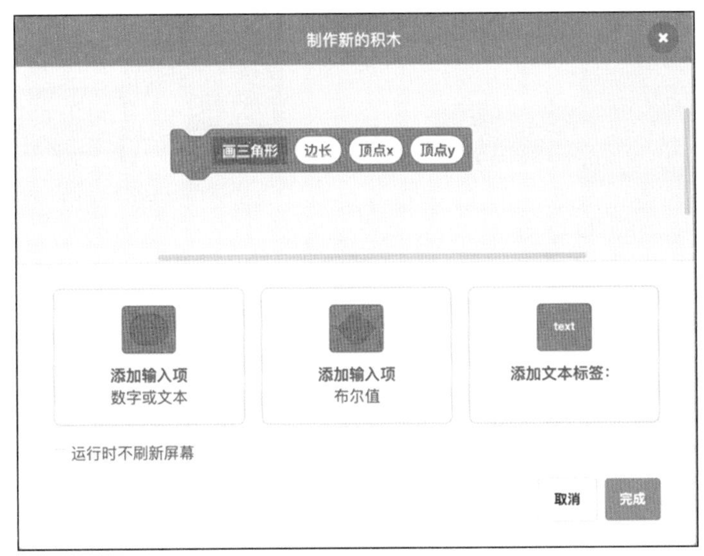

图 7-2　制作新的“画三角形”积木块

第二步：写过程的代码

在写过程代码时，需要注意的是一定要用参数。比如“移动……步”里，我们原来填写的是 100，现在得用参数。我们把“定义 画三角形 ……”那一行里的“边长”拖过来就可以了（见图 7-3）。

第三步：调用过程

这一步就简单了。我们直接两次使用这个“画三角形”积木，就画出两个三角形了。你看，这样代码是不是简洁多了？

（三）调用一个过程时到底发生了什么？

我一开始对“调用一个积木块”时到底发生了什么很糊涂。包老师讲**“调用过程就是复制过程的代码，再粘贴到调用过程的地方”**，我就明白了。

不过我们刚刚定义的“画三角形”这个过程有参数，还得执行一次“参数替换”。具体地说，我们得区分两种参数：

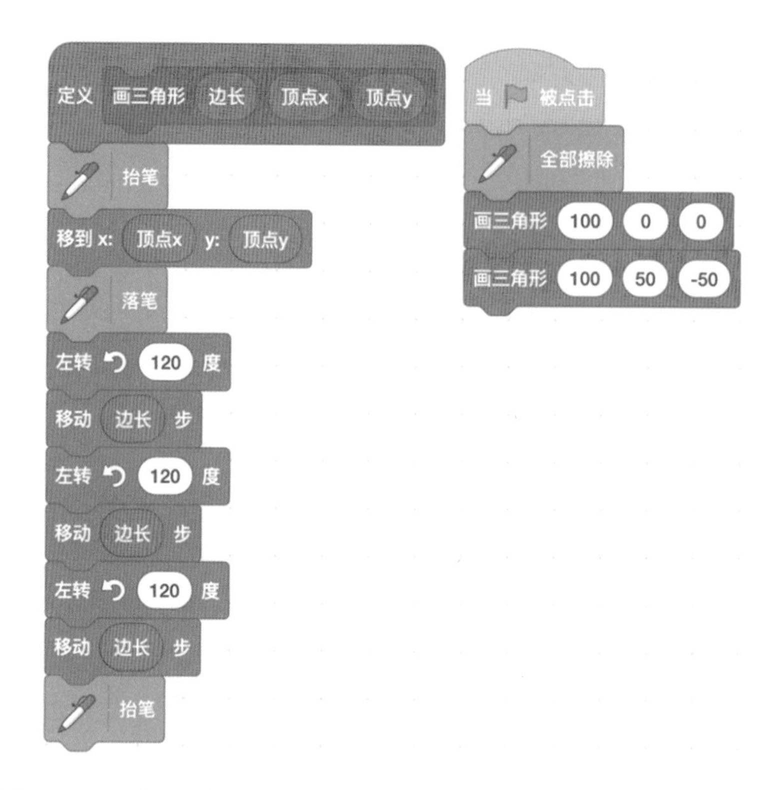

图 7-3 **用“画三角形”积木块（左）实现画两个三角形的程序（右）**

- **形式参数：**是**定义**积木块时，积木块名后括号中的变量名。
- **实际参数：**是**调用**积木块时，积木块名后括号中的表达式。

以“画三角形”程序为例子。左边是积木块“画三角形”的定义，有三个形式参数，分别是“边长”“顶点 x”“顶点 y”。在这个积木块内部，这三个形式参数用起来就像普通变量一样。

右边主程序里两次调用“画三角形”这个积木块。第一次调用时实际参数分别是 100、0、0，相当于把“画三角形”这个积木块里面的指令复制一份过来，然后把里面的形式参数“边长”替换成实际参数 100，把形式参数“顶点 x”替换成实际参数 0，把形式参数“顶点 y”替换成实际参数 0。

你试试看，复制、粘贴、参数替换，经过这三步之后，主程序是不是就变成了图 7-1 里的代码了呢？一模一样啊！

二、动手练：会织网的蜘蛛

（一）实验目的

模仿蜘蛛织网的过程，一圈一圈地织出六边形的网来。

（二）基本思路

蜘蛛网可以看成由许多同样的几何图形构成：蜘蛛网的一圈为六边形，一个六边形可以分割成 6 个三角形；整个网可以看成六边形的圈从里到外逐渐扩大形成。

（三）编程步骤

（1）角色设计

我们没找到现成的“蜘蛛”角色，就用篮球代表蜘蛛了。

（2）变量设计

定义一个变量 sideLength，表示边长；边长从 0 开始，逐步增加；每增加一次，就画一个六边形。这样蜘蛛网就一圈一圈织出来了。

（3）过程定义与脚本展示

我们定义 3 个过程，就是新建 3 个积木块（见图 7-3 中左侧部分），分别是：

1）Triangle 积木

- **功能**：画一个等边三角形。
- **形式参数**：边长 `length`。
- **过程描述**：先沿着一个方向走 `length` 步，画出第一条边；然后右转 120°，再走 `length` 步，画出第二条边；最后再右转 120°，走 `length` 步，画出第三条边。这样恰好回到出发点，也就是蜘蛛网的中心点。

2）Hexagon 积木

- **功能**：画一个六边形。
- **形式参数**：边长 `length`。

- **过程描述**：先调用 Triangle 过程画一个三角形；然后旋转 60°，再画一个；这样重复 6 次，就画出六边形来了。

3）SpiderWeb 积木

- **功能**：画蜘蛛网。
- **形式参数**：无。
- **过程描述**：我们先将边长 sideLength 设置为 0，然后重复增加 sideLength，调用 Hexagon 积木画边长为 sideLength 的六边形。这样重复 5 次，一个 5 圈的蜘蛛网就织成了。

（四）实验结果

图 7-4 中显示的是我们画出来的蜘蛛网，漂亮吧？

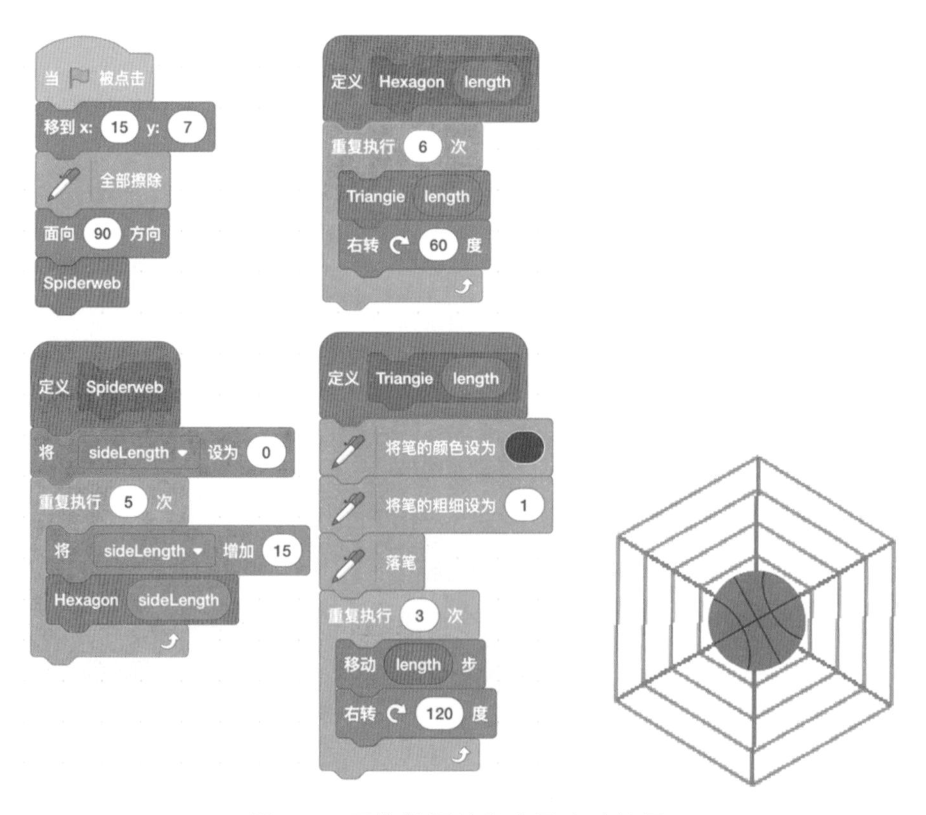

图 7-4　画蜘蛛网的程序及实验结果

（五）思考与延伸

当然了，我们可以扩展 SpiderWeb 积木：增加两个参数，分别表示蜘蛛网的圈数和两圈之间的距离，这样能够更方便地控制画几圈、画多密。

需要说明的是，这里是用画三角形的方式画蜘蛛网，并不是蜘蛛的真实织网方式。我上网查了，在自然界里，蜘蛛是先织出经线，再绕圈织出纬线。蜘蛛拉第一根经线是最费力的，要经过树枝、草地等；为了避免被树枝、草叶粘住，经线都是没有黏性的，只有纬线才有黏性，好粘住飞虫。不同的蜘蛛拉出的经线数目也不同，通常有二十几根之多。

三、课后作业

实验：彩虹风车

（1）实验目的

画一个带有彩虹叶片的风车。

（2）提示

我们可以一个叶片一个叶片地画，一个叶片就是一个三角形。为了看上去漂亮一点儿，每个叶片我都画了好几个三角形，每个三角形换一种颜色，这样整个叶片看起来就像彩虹一样（见图 7-5）。

图 7-5　带有彩虹叶片的风车

四、教师点评

解决复杂问题的基本思路有两点：

- 第一点是**分解**：我们把复杂问题分解成很多小的问题，分别独立地解决各种小问题，然后合并起来后就解决了最初的大问题。例如，建房子可分解为制作墙壁、制作门框、制作窗户、制作屋顶，把这些步骤拼起来，就可以建一幢房子。
- 第二点是**抽象**：所谓抽象，就是概括。以图 7-3 为例，积木块的名字“画三角形”就是概括。是谁的概括呢？就是对它下面那些指令的概括。

除了把脚本变简洁之外，定义过程还有其他的好处：有助于厘清思路；复杂的程序需要多个人一起完成，我们把程序划分成一个一个的过程（叫作“模块化”），再定义好过程之间的接口，每个人就可以独立开发了。

在动手练的实验里，我们把“画蜘蛛网”拆分成“画六边形”模块，并进一步拆分成“画三角形”模块。在课后作业的实验里，我们把“画彩虹风车”拆分成“画单色风车”模块，并进一步拆分成“画三角形”模块。通过这两个实验的锻炼，孩子们基本上掌握了“分解”和“抽象”的思维方式。

调用一个过程时到底发生了什么呢？就是一个三部曲：复制、粘贴、参数替换。这样一来，孩子们就很容易掌握了。当然，还有一些复杂的地方，就是递归过程，这个等到后面再仔细讲。

第8讲

列表：把几个变量合起来

一、知识点

（一）什么是列表？为什么要用列表？

我们已经学过了用变量保存数据。那我们来看看下面这个问题：假如你开了一家咖啡店，想记录一年里每天卖出去几杯咖啡，那该怎么办呢？

一种办法是建立 365 个变量，比如第 1 天卖出的咖啡的杯数、第 2 天卖出的咖啡的杯数、……、第 365 天卖出的咖啡的杯数。每个变量中保存一天的数据，每卖出一杯咖啡，就把相应的变量值增加 1。

这种方法虽然正确，不过很麻烦：光是建立 365 个变量就很累，更不用说当修改变量的值时，得先找准变量了。

遇到这种情况时，列表是一个好的解决方案。列表，也叫作数组，顾名思义，就是我们把同类型的变量合在一起，做成一个表格。以上面的问题为例，我们建立一个列表，名字为“每天卖出的咖啡的杯数”，如图 8-1 所示，这个列表有 365 项，第 1 项保存第 1 天卖出的咖啡的杯数，第 2 项保存第 2 天卖出的咖啡的杯数……这样就方便多啦！

（二）怎样理解列表？

列表是存放很多变量的容器。打个比方，列表就像是一列高铁，列表里的项就是高铁的车厢。我们乘坐高铁时需要知道自己在几号车厢，访问列表时也一样，需要指明要用第几项中保存的数据。

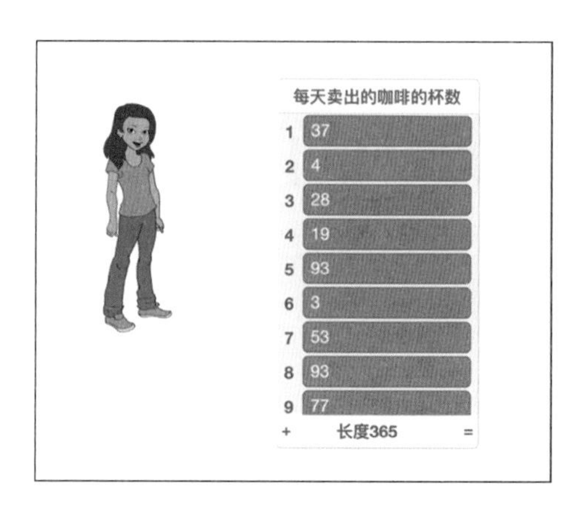

图 8-1　用列表记录全年 365 天每天卖出的咖啡的杯数

（三）对列表的操作

图 8-2 中展示了对列表的基本操作示例，后面有详细介绍。

图 8-2　对列表的基本操作示例

（1）创建列表

点击左侧的“变量”按钮，再点击“建立一个列表”，就能创建列表了；创建时，只需要指定列表名称即可。和创建变量一样，我们可以规定是所有角色都能够使用这个列表，还是只有创建者能够使用这个列表。刚创建的列表是空表，里面没有任何数据。

（2）添加数据

在创建了列表之后，点击左侧的“变量”按钮，会看到一系列积木块，其中，使用“将……加入列表”积木可以向列表中添加一项；新添加的项总是放到列表的末尾。比如，当列表是空表时，新加入的数据放在第 1 项；再新加的数据，就放到第 2 项。卜老师提醒我们，Scratch 中列表的项是从 1 开始编号的，其他计算机语言，比如 C、Python 等，都是从 0 开始编号。

另一种添加列表项的方法是使用“将……插入列表的第……项”积木，可以指定把一个数插入第几项。比如，当列表中已有 2 项时，我们使用“将 999 插入第 1 项”积木，这样第 1 项的值就变为 999，而原来第 1 项保存的数放到第 2 项，原来第 2 项保存的数放到第 3 项。

（3）修改数据项

“将列表的第……项替换为……”积木可以直接把某一项保存的数据替换成新的值。

（4）删除数据项

“删除列表的第……项”积木只删除一项，而“删除列表的全部项”积木直接把列表清空。

（5）访问数据项

使用“……的项目数”积木可以知道列表里现在共有几项数据，使用“……的第……项”积木可以知道列表中的某一项保存的数据。我们也可以反过来：使用“……中第一个……的编号”积木，可以知道数据到底被保存在哪一项里了；当多个项里都保存了同样的数据时，就返回第一个保存这个数据的项目的编号。

此外，使用“……包含……？”积木可以判断列表中是否包含某个数据。

二、动手练：找出最大值和最小值

（一）实验目的

用列表保存数据，并计算出最大值和最小值。

（二）基本思路

先初始化最大值和最小值，然后和每一项逐个比较，在比较过程中进行更新。

（三）编程步骤

（1）角色设计

我们采用默认角色小猫。

（2）变量设计

- 列表 num：保存输入的数据。
- 变量 max：记录列表保存数据的最大值。
- 变量 yu：表示项的序号。

（3）过程描述与脚本展示

首先，我们初始化 max：只考虑第 1 项和第 2 项，我们做一次比较，就很容易知道哪个大，把大的那一项赋给 max。

然后，我们从第 3 项开始，每一项都和 max 比一比，如果比 max 大，就更新 max 的值（见图 8-3）。

（四）实验结果

我们尝试构造了不同的列表，长度不同，内容也不同，结果都正确（见表 8-1）。

当前这种 max 初始化方法要求列表中至少有 2 项，如果列表中只有 1 项的话，程序会出 bug。一种改进方法是：预先判断一下有几项，当只有 1 项时直接返回第 1 项，是空表时则报错。

另外，在用户输入数据时，循环的控制条件是“重复执行回答次”，而循环体内又更新了“回答”，会导致“重复执行回答 -2 次”时循环次数出错。比如用户输入 6 个数，分别是 7, 8, 9, 10, 11, 3，最后一次“回答”是 3，因此程序只会执行“3−2 次，即 1 次循环，导致错误地输出“最大值是 9”。改正方式是另外创建一个变量，表示“多少个数”。修正 bug 之后的版本如图 8-3 中右侧部分所示。

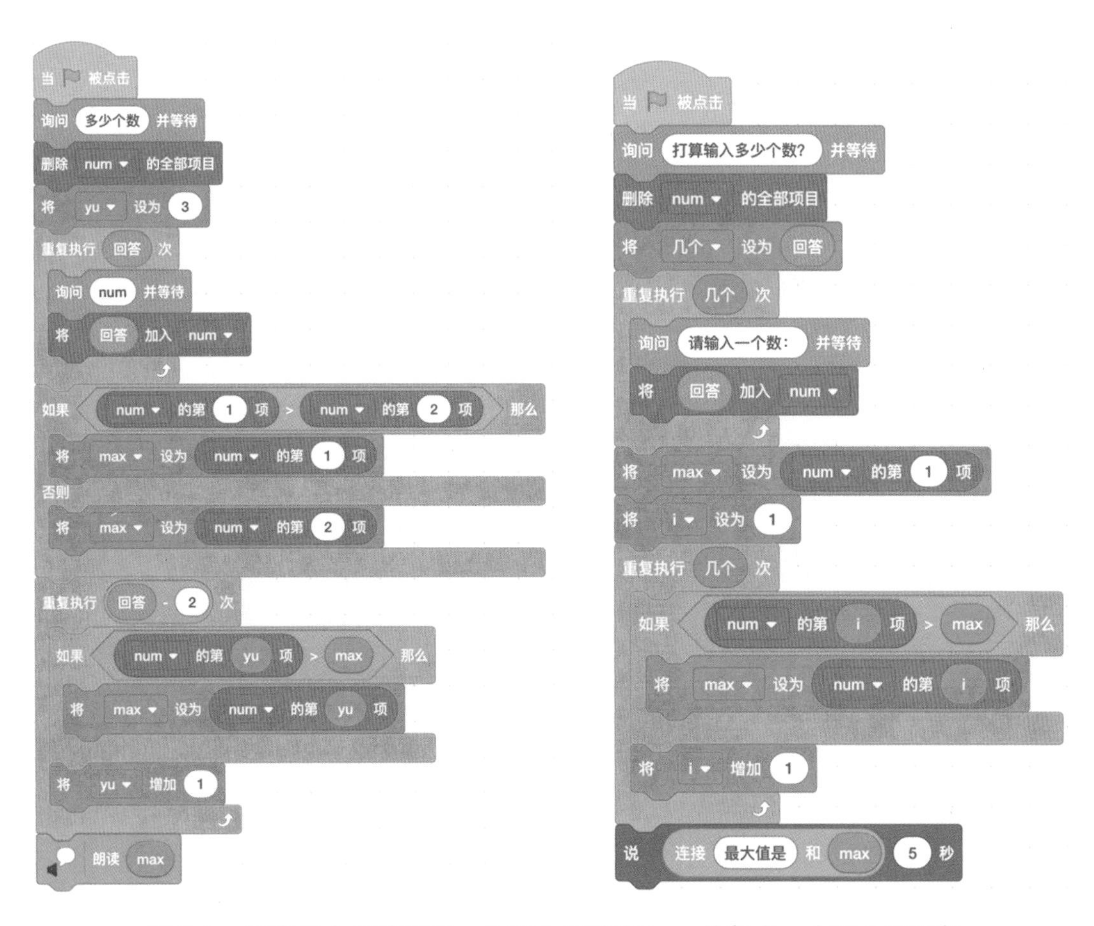

图 8-3 **找出最大值的程序，左侧为原始有 bug 的版本，右侧为改进版**

表 8-1 找最大值程序的实验结果示例

长度	列表数据	最大值
2	7, 8	8
3	1, 9, 12	12
4	134, 187, 267, 888	888

（五）思考与延伸

（1）你可以想一想有没有更多关于列表的题目？

比如，2020年哪些天是星期日？这个题目是不是也可以用列表来算呢？只是比较复杂，我们在以后的课程中可能会学到哦！

（2）为什么一定要用列表？什么时候不用列表就不行？

我们认为有些情况不用列表也是可以的，但是会特别麻烦，因为需要创建很多变量，做起来会有很大难度。而且不用列表的话，很容易在编程中混淆不同的变量，产生一些错误。

还有一些情况，是根本无法用变量来解决的。比如我们这节课要询问“有几个数”，这时数是事先不确定的，也就是说变量的数目不确定，那怎么创建变量呢？这种情况就只能用列表啦！

（3）如果一个列表中存了10个数字，但是去除第11项，会发生什么呢？

试一下就知道列表不会发生变化，这是因为列表中没有第11项，所以本来想删除的那一项就不会被删除。不过这样做可是不安全的，会对后面的计算产生bug，要注意避免哦！

三、课后作业

实验：计算列表中数据的平均值

（1）实验目的

用列表保存数据，并计算出平均值。

（2）提示

我们先计算出数据的总和，然后除以项目数，就得到平均值了。

四、教师点评

列表（数组）是计算机程序设计中的基本概念，就是把多个数组织在一起。孩子们把“列表和项”想象成“列车和车厢”，很直观、很形象。

我们从“笨方法”开始，再看用了列表会大大简化，一对比就明白列表的作用了。

第 9 讲

字符串：把几个字母合起来

一、知识点

（一）什么是字符串变量？

字符我们很熟悉：a, b, c,…, z 这 26 个英文字母，每个字母都是一个字符；0, 1, 2,…, 9 这 10 个数字，每个也都是一个字符。键盘上还有一些奇怪的符号，比如 $, @, ^, %，还有空格，也是字符。

如果我们把几个字符合起来，穿成一串，就是字符串了。比如我的名字“Wenshan Wei”，就是一个字符串。

（二）对字符串变量有哪些操作？

对字符串变量来说，可以有如下几种操作：

（1）创建字符串变量

创建字符串变量和创建其他类型变量的方法没有区别，都是点击左侧的“变量”按钮，再点击“建立一个变量”，就可以创建一个字符串变量了。注意，Scratch 里不区分变量类型，比如整数 12345 和小数 3.1415926 也会被当作字符串来处理。

（2）给一个字符串变量赋值

字符串变量的赋值方法也是和其他变量没有区别的，只需点击左侧的“变量”按钮，再使用“将……设为……”积木即可。比如我们用“将 `myName` 设为 Wenshan Wei”积木，就能把 myName 设置成字符串“Wenshan Wei”。老师提醒我们，积木里的第二个参数可以不填，这样就能把变量 myName 设置成空字符串，这是很有用的操作。

（3）连接两个字符串

点击左侧的“运算”按钮，我们会看到“连接……和……”积木，这块积木能够把两个字符串连接起来。比如“连接 I am 和 myName”就得到了一个新的字符串“I am Wenshan Wei”。

（4）取字符

应用“……的第……个字符”积木，我们能够从字符串中取出某个位置上的字符。比如应用“3.1415926 的第 1 个字符”积木就得到了字符“3”，应用“3.1415926 的第 2 个字符”积木就得到了字符“.”。要是我们输入的第二个参数超过了字符串的长度，比如应用“3.1415926 的第 10 个字符”积木，那么什么也不会得到（这叫作“空字符”，就是“一无所有”的意思）。

（5）计算字符串长度

应用“……的字符数”积木，能够得到字符串的长度。比如应用“3.1415926 的字符数”积木，会得到 9。

（6）查询是否包含另一个小的字符串

应用“……包含……”积木可以判断一个字符串是否包含一个小一点的字符串。比如“3.1415926 包含 3.14”积木返回值为“真”，而“3.1415926 包含 999”积木返回值为“假”。

图 9-1 中显示了第 3～6 种操作的积木。

二、动手练：元音字母计数

（一）实验目的

用户输入一个英文单词或者一句话，程序统计出现了多少个元音字母。

图 9-1　字符串的基本操作

（二）基本思路

元音字母共有 5 个，即 a, e, i, o, u。我们先计算出输入字符串的长度，然后从第一个字符开始，逐个判断是否是元音字母；如果是，则把元音字母计数器增加 1。

（三）编程步骤

（1）角色设计

我们使用默认角色小猫。

（2）变量设计

我们创建如下变量：

- 变量 pos：表示字符串中的一个位置。
- 变量 ch：表示输入字符串在 pos 位置上的那个字符。
- 变量 vowelCount：表示输入字符串中元音字母的个数。

（3）过程描述与脚本展示

首先，将位置 pos 初始化为 1，元音字母数 vowelCount 初始化为 0；然后重复执行如下步骤：

- 将 ch 设为输入字符串的第 pos 个位置上的字符。
- 如果 ch 和 a, e, i, o, u 其中之一相等，则将 vowelCount 增加 1。
- 将 pos 增加 1，以考虑下一个字符。

字符串有多少字符，我们就重复多少次（见图 9-2）。

（四）实验结果

我输入了我们 SIGMA 数学和算法兴趣班上小朋友的名字的汉语拼音，程序运行结果正确，名字中有空格也没关系（见表 9-1）。

我发现包若宁的名字中有 5 个元音字母，是最多的；张秦汉的名字里只有 3 个元音字母，是最少的。这是因为我们的名字都是 3 个字的，基本上一个字里的韵母里有 1～2 个元音字母。

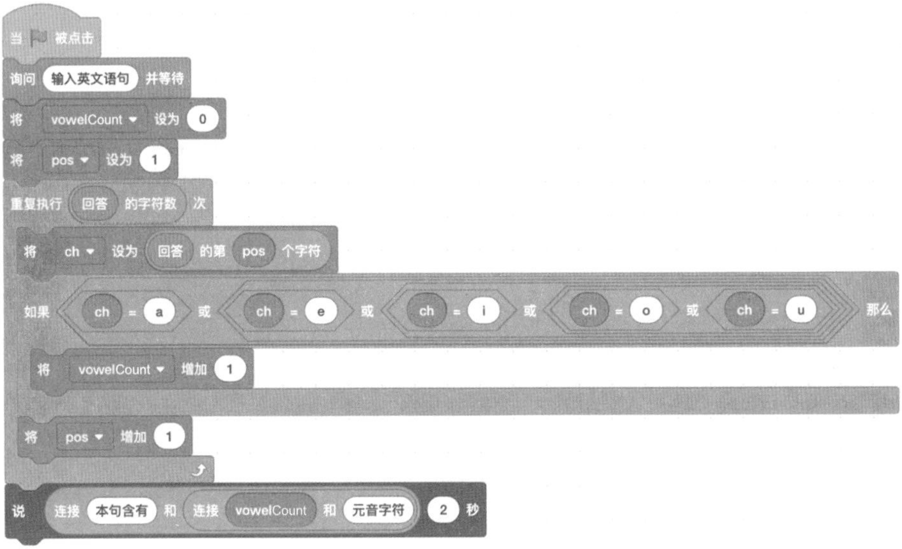

```
当 ⚑ 被点击
询问 (输入英文语句) 并等待
将 vowelCount ▾ 设为 (0)
将 pos ▾ 设为 (1)
重复执行 ((回答) 的字符数) 次
    将 ch ▾ 设为 ((回答) 的第 (pos) 个字符)
    如果 <<(ch) = (a)> 或 <<(ch) = (e)> 或 <<(ch) = (i)> 或 <<(ch) = (o)> 或 <(ch) = (u)>>>>> 那么
        将 vowelCount ▾ 增加 (1)
    将 pos ▾ 增加 (1)
说 (连接 (本句含有) 和 (连接 (vowelCount) 和 (元音字符))) (2) 秒
```

图 9-2　**统计元音字母数的程序**

表 9-1　SIGMA 兴趣组同学的姓名中的元音字母数

输入字符串	元音字母数
Weiwenshan	4
Baoruoning	5
Buwenyuan	4
Fudingquan	4
Tanpeizhi	4
Zhang Qinhan	3

三、教师点评

字符串是一个基本数据类型，就是把几个字符串成一串。日常生活中，我们的姓名就是一个字符串。通过数姓名中元音字母个数这个小实验，孩子们掌握了字符串的基本操作。

值得说明的是，Scratch 里没有数据类型的概念，即不区分字符串、整数和小数，因此，我们要避免出现“对字符串变量进行加减乘除”的情况。

第10讲 收发消息：角色之间的沟通和协调

一、知识点

（一）角色之间的沟通和协调

很多场景里面需要多个角色一起工作。比如小朋友们常玩的“谁在哪里干什么”游戏，这个游戏中需要有三个角色，第一个角色说“谁”，第二个角色说“在哪里”，第三个角色说“干什么”。

多个角色一起工作的时候，就需要沟通和协调，否则就会出错。还是拿这个游戏作为例子，第二个角色要听第一个角色说完之后才能说话，第三个角色要听第二个角色说完之后才能说话。不然七嘴八舌，游戏可就没法玩儿了。

那么在Scratch里，角色怎样实现“听”这个功能呢？Scratch里面有个“消息”机制，就是当第一个角色说完话之后，就广播一个“该第二个角色说了”的消息；第二个角色一旦“听”到这个消息，就开始说话。第三个角色也是进行类似的处理。

（二）什么是“消息”？

角色之间相互沟通时，需要传递一些话，传递的这些话就是消息。

（三）怎样创建消息？

打开Scratch软件，点击最左侧的“事件”，然后找到“广播消息1”和

“广播消息 1 并等待”这两个积木，它们就是用来给所有角色发送消息的。

如果我们直接使用这两个积木的话，发送的消息是“消息 1”。不过用这个“消息 1”表达不清楚我们想要说的话，很多时候我们想把消息说得更明确一点儿。这时，我们点击“消息 1”旁边那个下三角形按钮，就会看到图 10-1 所示的界面。

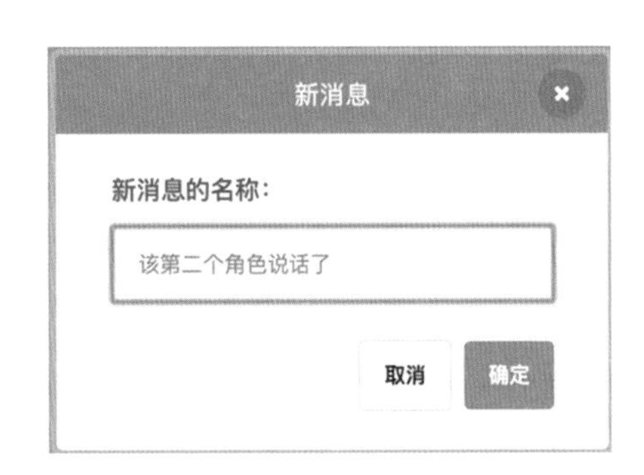

图 10-1 创建新消息的过程

我们再点击“新消息”，就能创建一个含义更清楚的消息了。比如我给第一个角色创建了消息“该第二个角色说话了”。

（四）怎样发送消息？

发送消息可以用“广播……”或者“广播……并等待”这两个积木。用这两个积木发送消息时，消息是广播给所有角色的，也就是说所有角色（包括这个角色自己）都能收到。

这两个积木有些小小的区别：“广播……”积木广播完消息就接着执行下一条指令了，而“广播……并等待”积木会等着这个消息被接收到并处理完之后，才接着执行下一条指令。

（五）怎样接收消息？

一个角色广播完之后，另一个角色如何接收消息呢？Scratch 的“事件”那一栏里，提供了图 10-2 所示的这个积木：

当接收到 该第二个角色说话了

图 10-2 “当接收到……”积木

你看这个积木的形状和“当🏴被点击”积木是一样的，都是上面带一个圆弧突起。这两个积木的功能也是一样的，都是表示当某个事情发生时，才执行下面的指令。

角色收到相应的消息后做自己的事情，包括移动、说话、画画等。这些消息和收到消息之后要做的事情之间的对应关系是提前设计好的。

二、动手练：“谁在哪里干什么”游戏

（一）实验目的

实现“谁在哪里干什么”游戏，即第一个人随便想一个主语，比如“一个金枪鱼罐头”；第二个人随便想一个地点，比如“在总统府里”；第三个人想一个动作，比如“饿得发昏”。三个人依次说出来，就组成了完整的一句话：“一个金枪鱼罐头在总统府里饿得发昏”。

（二）基本思路

第一个人先想好十几个主语，放到一个列表里，想说的时候，从里面随机挑选一个出来。第二个人和第三个人类似。

第一个人说完之后发消息，第二个人收到消息之后才说话；第二个人说完之后发消息，第三个人收到消息之后才说话。

（三）编程步骤

（1）角色设计

我们设置 3 个角色，分别是 Abby、Avery 和 Elf。Abby 负责说“谁”，Avery

负责说“在哪里”，Elf 负责说“干什么”。

（2）变量设计

1）Abby 的变量：

- “人物”列表：存放多个预先想好的人物，比如“张三的爸爸”“小明家的小猫”等。
- 变量“谁”：存放人物列表中随机选的一项。

图 10-3 中展示了角色 Abby 的变量脚本。

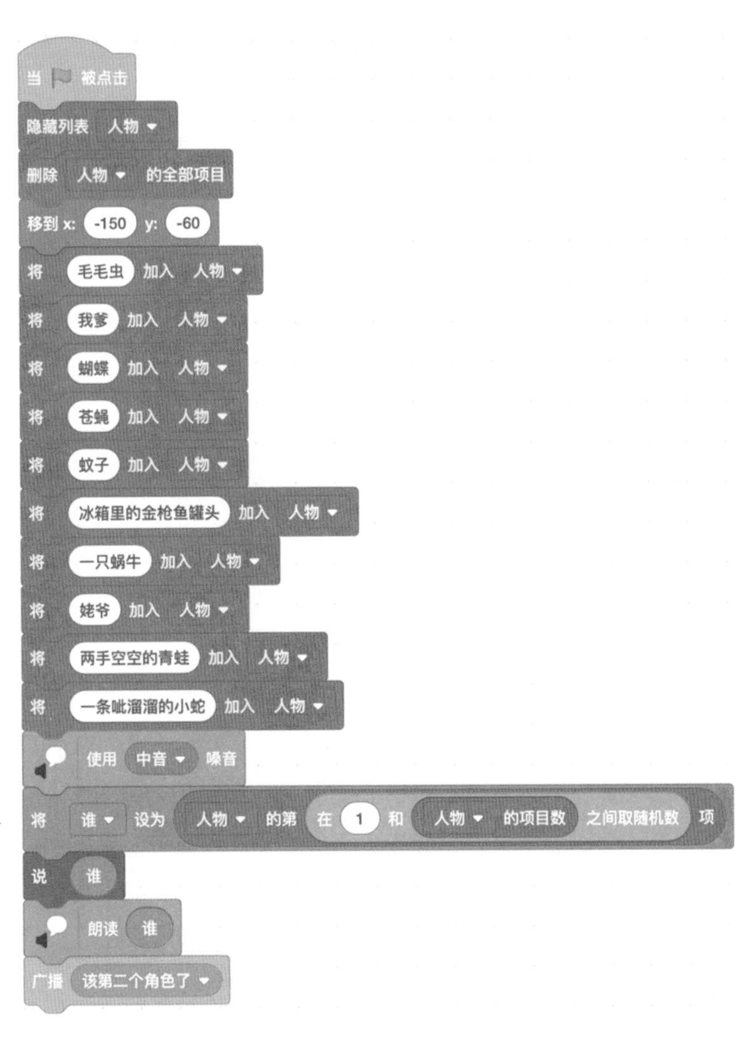

图 10-3　第一个角色 Abby 说“谁”的脚本

2）Avery 的变量：

- “地点”列表：存放多个预先想好的地点，比如“在沙漠里”“在迷迷糊糊的睡梦中”等。
- 变量“在哪里”：存放地点列表中随机选的一项。

图 10-4 中展示了角色 Avery 的变量脚本。

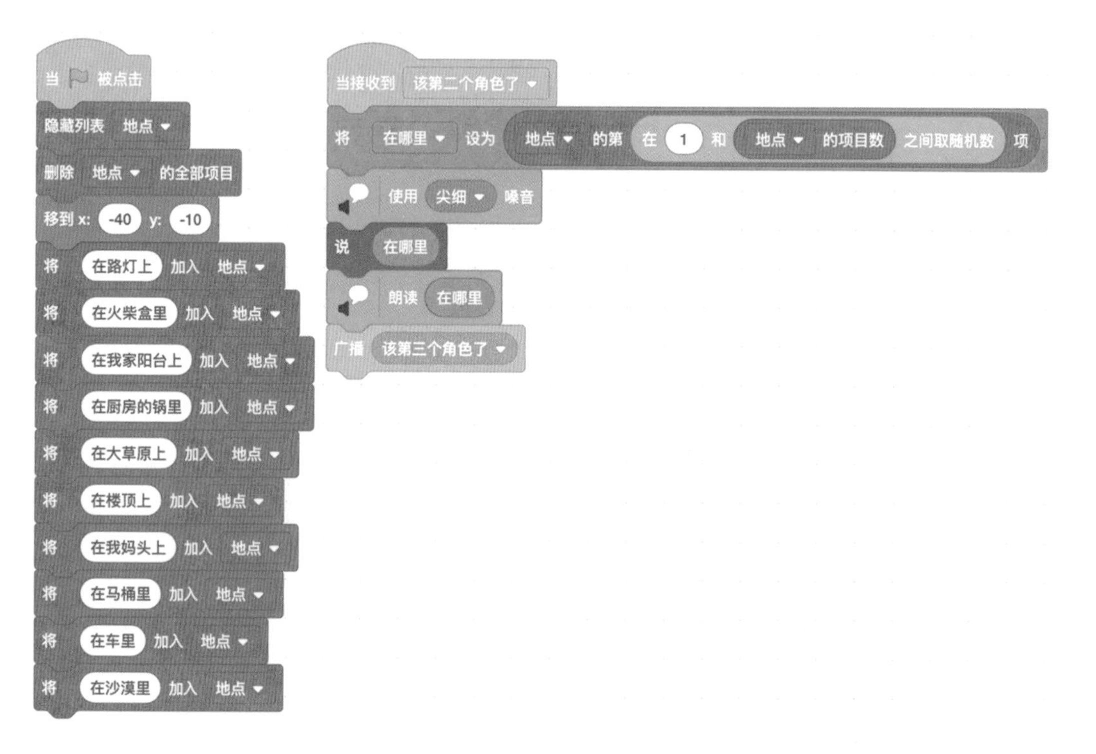

图 10-4 **第二个角色 Avery 说“在哪里”的脚本**

3）Elf 的变量：

- “事件”列表：存放多个预先想好的动作，比如“吃香喷喷的米饭”“打呼噜”等。
- 变量“干什么”：存放事件列表中随机选的一项。

图 10-5 中展示了角色 Elf 的变量脚本。

（3）过程描述与脚本展示

1）当🏳被点击时，所有角色都初始化列表，向列表中添加项。

2）Abby 在“人物”列表中随机选择一项，说出来；然后广播“该第二个角色了”消息（见图 10-2）。

3）Avery 在收到“该第二个角色了”消息之后，在“地点”列表中随机选择一项，说出来；然后广播“该第三个角色了”消息（见图 10-4）。

4）Elf 在收到“该第三个角色了”消息之后，在“事件”列表中随机选择一项，说出来（见图 10-5）。

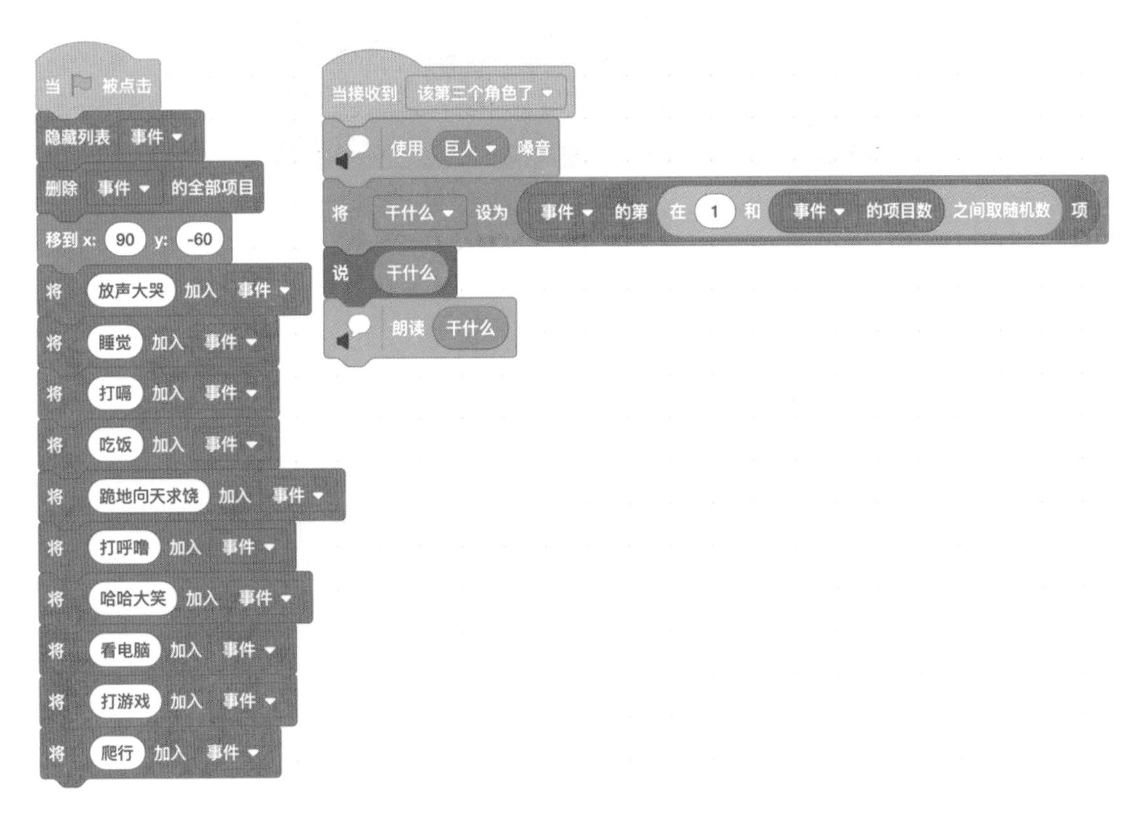

图 10-5　**第三个角色 Elf 说“干什么”的脚本**

（四）实验结果

我们玩儿了好几轮游戏，有一次这个程序说出了“一只蜗牛在大草原上跪地向天求饶”（见图 10-6），哈哈哈，笑死我了！

图 10-6 “谁在哪里干什么”程序的运行结果示例

三、教师点评

消息是计算机中非常重要的协调和同步机制。

孩子们平时就很喜欢玩“谁在哪里干什么”这个游戏，现在通过编程实现这个游戏，孩子们理解了如何利用消息在角色间进行协调。将来把角色替换成进程、把消息替换成更复杂的结构、把广播替换成定向发送，就比较容易理解了。

计算思维篇

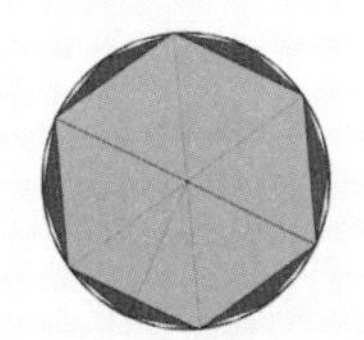

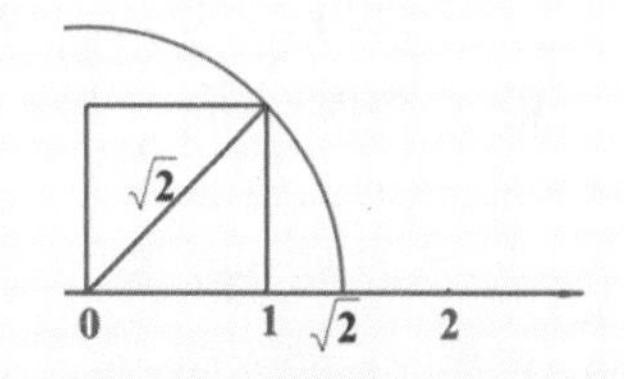

第11讲 逐级逼近法：刘徽割圆法估计 π

一、实验目的

今天是2020年3月14日，是“数学节”。之所以这天被选中作为数学节，是因为“3.14”是圆周率π的前3位数字，而π非常重要，足以代表数学。

今天，我们就编程计算一下π的值吧。

二、背景知识

（一）π是什么？

我们从小学三年级就知道π就是圆周率，就是“圆的周长 ÷ 直径”。周长，顾名思义，就是圆的一周的长度；而直径呢，就是先画一条直线穿过圆心，和圆相交的两个点之间的线段的长度就是直径了。

（二）π是多少？

古代人说“周三径一”，意思是说一个圆的直径是1尺[㊀]时，周长就是3尺，换句话说，古时计算的圆周率π等于3。

我自己找了一枚圆圆的硬币，用尺子量了一下直径，是2.8cm；又用了一根线绕圆一周，量量长度，周长是9.0cm；通过计算两者之比，我估计出圆周

㊀ 1尺≈0.33米。——编辑注

率是 π≈9.0÷2.8≈3.21（见图 11-1）。当然了，这是很粗糙的估计；现在人们已经算得非常精确了：π=3.1415926…，是一个无穷无尽、写也写不完的数，还不会出现循环。

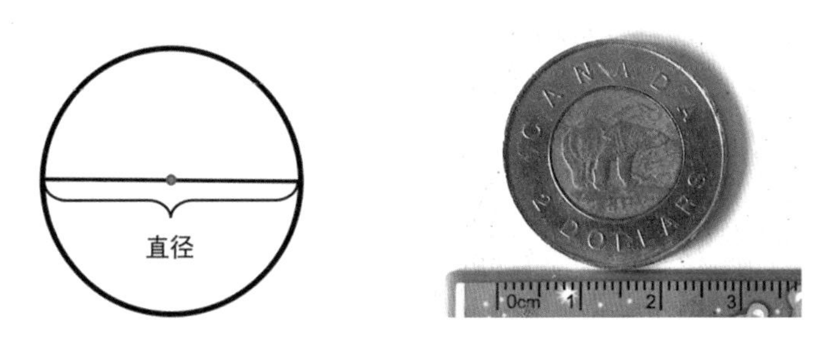

图 11-1 圆的周长与直径（左）、实测的硬币周长与直径（右）

一个数无穷无尽还不重复，这很奇怪；我们现在上四年级，见到的小数要么是有限长度的，比如 1÷2=0.5，小数点后只有一位数字；要么是无限循环小数，比如 1÷3=0.333…，虽然是无穷无尽的，可是小数部分一直是 3，是一个循环小数。

像 π 这样有无限位数又不循环的小数，真的很奇怪；老师告诉我们，这叫“无理数”。老师还特意强调：这里的“理”不是“道理”的意思，而是“比例”的意思；无理数不是“没有道理的数”，而是“不能表示成两数之比的数”。初学者往往会望文生义，现在就得纠正。

（三）怎样找一个数尽量接近 π？

π 太复杂了，那能不能找一个数与之近似呢？我国南北朝时期（比唐朝还早）的大数学家祖冲之找到了两个数，都跟 π 很接近，一个叫约率，另一个叫密率。老师提醒我们说：“这两个数都是有理数，祖冲之是用有理数近似无理数。”

- **约率**：$\frac{22}{7}\approx3.1428571$，是不是很接近现在 π 的估计值 3.1415926？
- **密率**：$\frac{355}{113}\approx3.1415929$，是不是更接近了？

这可是两个值得记住的算式。约率是 $\frac{22}{7}$，22 只比 21 大一点点，很好记，对不对？密率是 $\frac{355}{113}$，就没那么好记了，是吧？我来告诉你一个小窍门：看，把 113 放在 355 前面就构成了“113355”，这下记住了吧？

祖冲之估计 π 比 3.1415926 大，比 3.1415927 小，我们在小学阶段老是背 3.1415926，或者采用前三位 3.14。

（四）刘徽割圆法估计 π

那祖冲之是怎样得到 π 的近似值的呢？

这个还缺乏明确的历史文献佐证。不过研究数学史的人猜测祖冲之是采用“刘徽割圆法”估计出 π 的。今天我们就用刘徽割圆法算一算 π 吧！

刘徽割圆法非常好理解：圆的周长不好算，但是多边形的周长好算啊，咱们就用多边形的周长代替圆的周长吧。比如图 11-2 中的六边形（绿色的），看起来有点像圆了，不过还有一点差别，咱们就再多一点儿，用十二边形（蓝色的），就更像圆了。再多一点儿，用二十四边形（黄色的），就跟圆非常像了。老师提醒我们，这里的六边形是“正六边形”，就是各条边的长度都相等。据考证，刘徽用正 96 边形估计出 π 等于 3.1416。

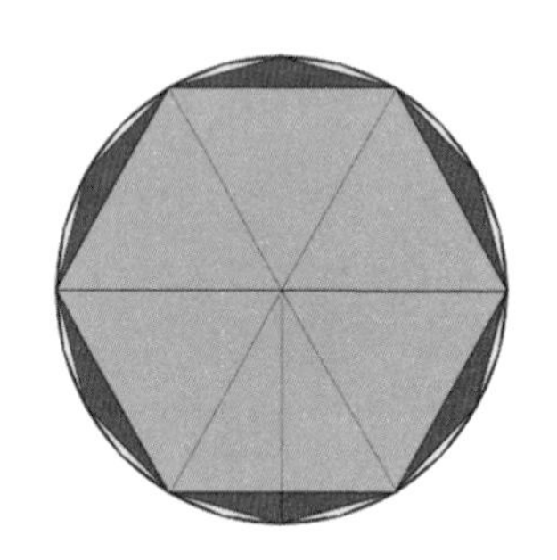

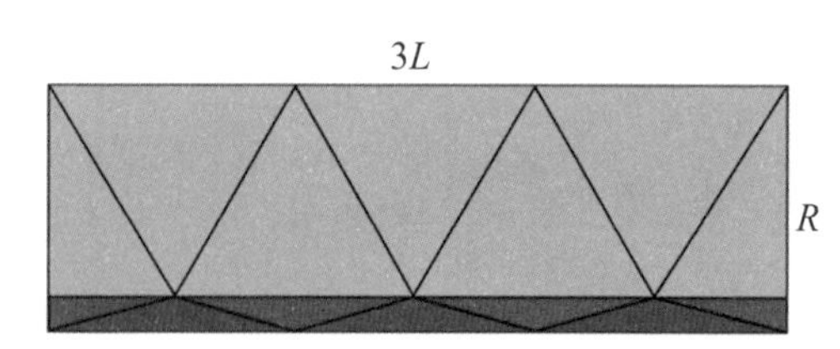

图 11-2　刘徽及“刘徽割圆法”示意图

这个方法很直观，我也想到了这个“逐渐逼近圆”的方法：从三角形开始，四边形，五边形，……，逐渐增加，不断逼近圆，越来越像圆。卜老师告诉我们，大家发现了正多边形不断逼近圆，这个发现反过来说，就是圆是正多边形的极限。

想出这个方法的时候，我兴奋极了。后来才知道刘徽早在三国时期（约 1800 年前）就知道了。说起三国，我过去只会想起刘备、关羽、张飞和诸葛亮，现在我还会想起刘徽。

三、基本思路

想用刘徽割圆法算出 π，第一步得画出正多边形，第二步得计算正多边形的周长。我们一步一步来吧。

（一）画正多边形

要画正多边形的话，我们得先把顶点定下来。那怎样确定顶点呢？

咱们从最简单的做起吧。先看正三角形（也常称作等边三角形）：绕圆一周会旋转 360°，那三角形的一条边应该对应 360÷3=120°；所以，我们从原点出发，沿着 0° 方向走半径那么远，就会到达第一个顶点；再回到原点，从原点出发，沿着 120° 方向走半径那么远，就会到达第二个顶点；从原点出发，沿着 240° 方向走半径那么远，就会到达第三个顶点（见图 11-3）。

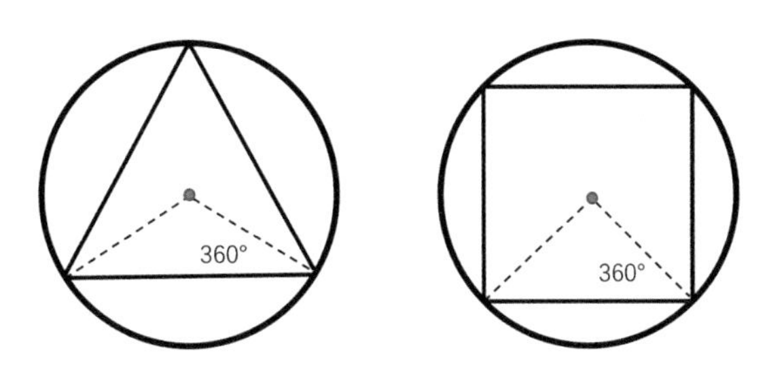

图 11-3　**正多边形中每条边对应的角度。左侧为正三角形；右侧为正四边形**

类似地，要画正四边形的话，一条边应该对应 360÷4=90°，因此只要沿着 0°，90°，180°，270° 走半径那么远，就能把 4 个顶点确定下来了。

看完这两个例子，我们对一般的正多边形也会画了：假如边数是 n，我们就先计算 360÷n 是多少度，然后从 0° 开始，每次增加 360÷n 度，从原点出发走半径那么远，就到达顶点了。

在确定了顶点之后，画多边形就容易了：我们利用 Scratch 的画笔功能，从第一个顶点走到第二个顶点，就能把第一条边画出来；从第二个顶点走到第三个顶点，就能把第二条边画出来；其他的边依次类推。

(二) 计算正多边形的边长

这个比较简单：Scratch 里“侦测”栏里有一个“到鼠标指针的距离”积木：我们把“鼠标指针”改成一个角色，就能得到两个角色之间的距离。比如，我们设置两个角色，让角色 1 走到第一个顶点，让角色 2 走到第二个顶点，然后让角色 2 计算“到角色 1 的距离”，就能够得到两个顶点之间的距离了。把所有边的长度累加起来，就能得到多边形的周长了。

四、编程步骤

(一) 角色设计

我们设置两个角色：**红球**和**绿球**，用红球表示一个顶点，绿球表示相邻的下一个顶点。比如当红球走到第一个顶点时，绿球要走到第二个顶点；当红球走到第二个顶点时，绿球就要走到第三个顶点。

(二) 变量设计

- `n`：用正几边形逼近圆？
- `i`：循环控制变量，表示当前该画第几条边。
- `r`：圆的半径。
- `length`：多边形的周长。
- `pi`：π 的估计值。

(三) 过程描述与代码展示

我们重复 n 次，每次画一条边。画第 i 条边是这样完成的：

1）让红球从原点出发，沿着 $(360 \div n) \times i$ 度方向走 r 步。

2）给绿球发消息，绿球收到消息后沿着 $(360\div n)\times(i+1)$ 度方向走 r 步。

3）测量红球到绿球的距离，累积到 `length` 里；落笔，红球走到绿球，从而画出一条边。红球和绿球的具体脚本如图 11-4 所示。

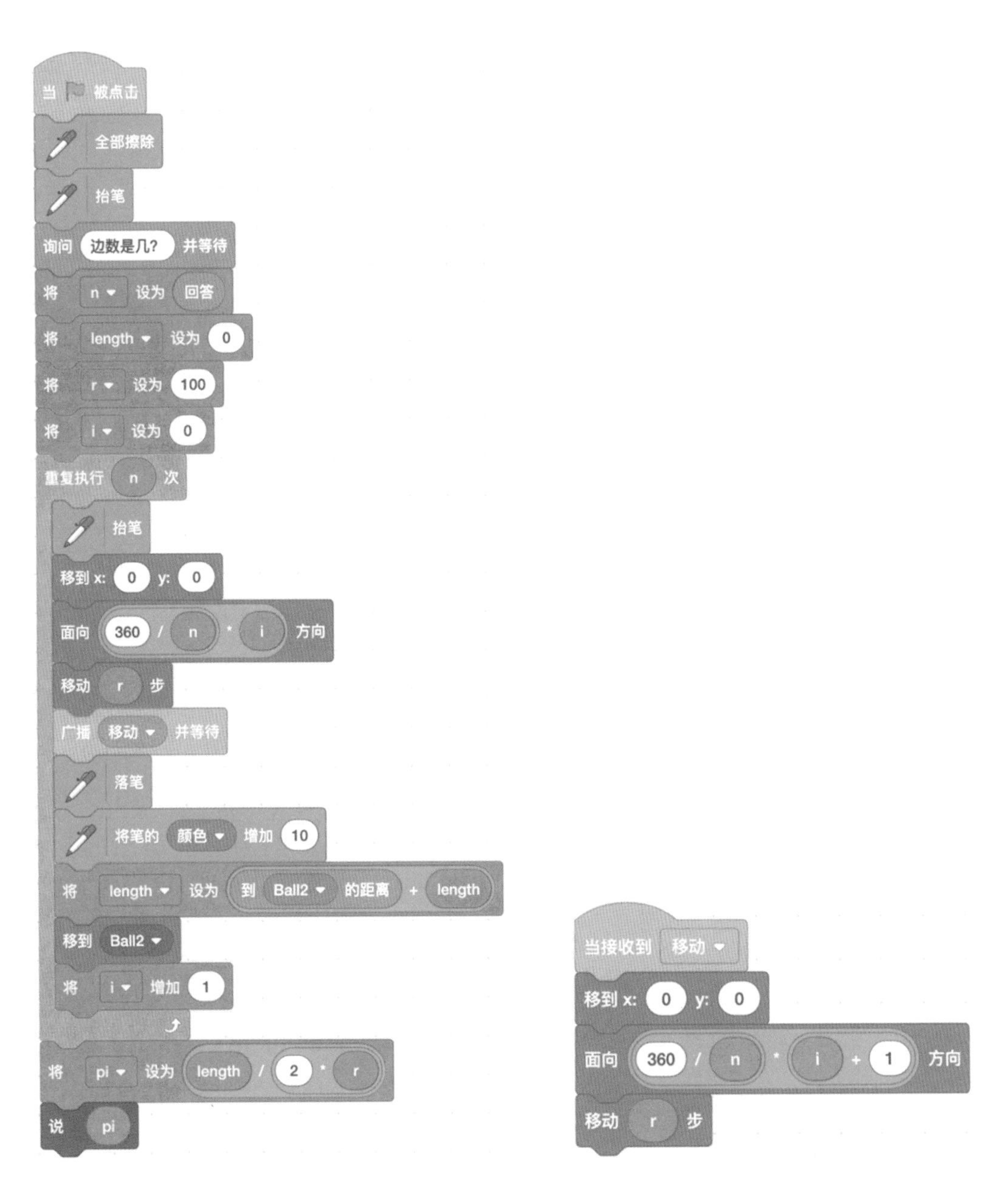

图 11-4　刘徽割圆法中红球的脚本（左）和绿球的脚本（右）

比如画正六边形的第一条边时，就是红球沿着 60° 方向走步，然后绿球沿着 120° 方向走步，最后红球走到绿球的位置，并沿途画出一条线来，就是第一条边。

五、遇到的 bug 及改正过程

这次出现的 bug 比较少，唯一的 bug 是在红球移动之前忘了进行“抬笔”操作，结果搞得画得很乱；后来加上“抬笔”操作就好了。

六、实验结果及分析

（一）随着正多边形边数（n）的增加，π 的估计值的变化

1）三角形，n=3，π 的估计值为 2.598076。

2）正方形，n=4，π 的估计值为 2.828427。

3）正五边形，n=5，π 的估计值为 2.938926。

4）正六边形，n=6，π 的估计值为 3。

5）正一百边形，n=100，π 的估计值为 3.141076。

6）正一万边形，n=10 000，π 的估计值为 3.141593。

如图 11-5～图 11-7 所示，随着正多边形边数的增加，得到的图形越来越像圆了，估计出的圆周率也来越准。后面就不介绍了，因为后面得出的全部都是 3.141593 这个值。

为什么边数再增加，程序算出来都始终是 3.141593，不再更新了呢？老师告诉我们，这是因为 Scratch 算边长的时候，小数点后只能显示 6 位数字。于是我们想了个办法：把结果 pi 乘以 100000，得到 314159.265307（见图 11-8），这样就又精确了 4 位小数“2653”。

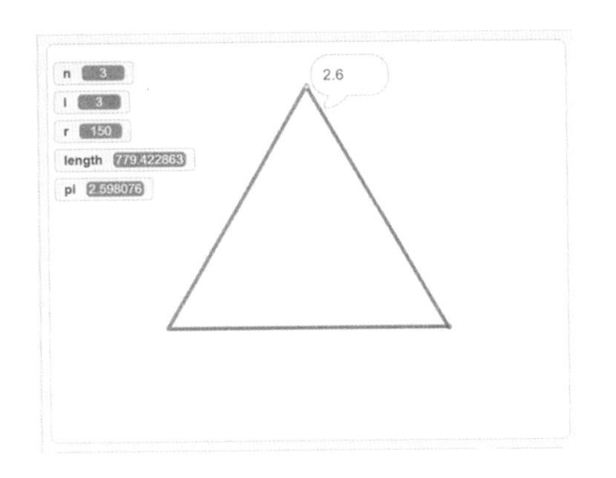

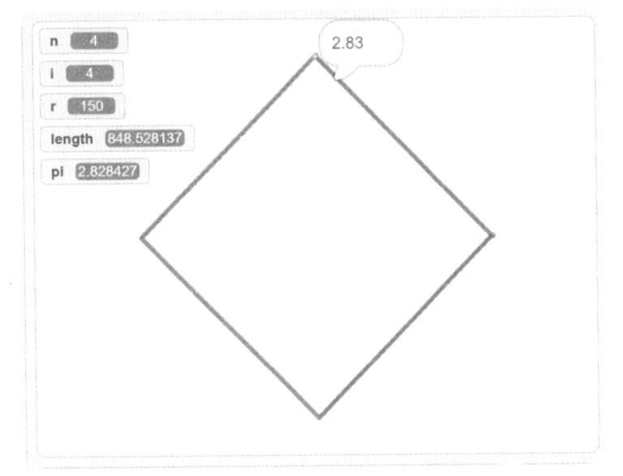

图 11-5　刘徽割圆法程序的运行结果。左侧为正三角形，右侧为正四边形

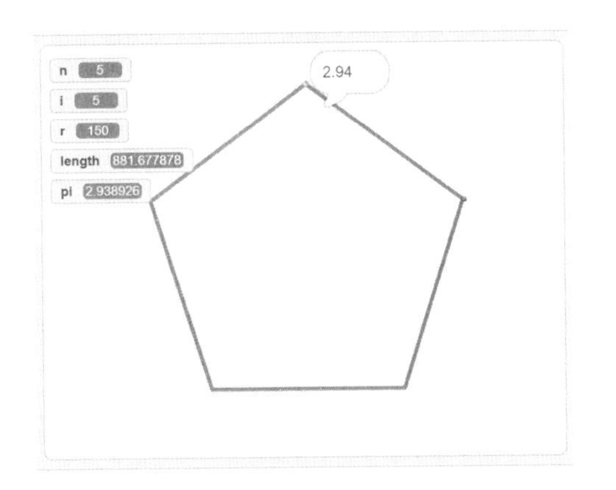

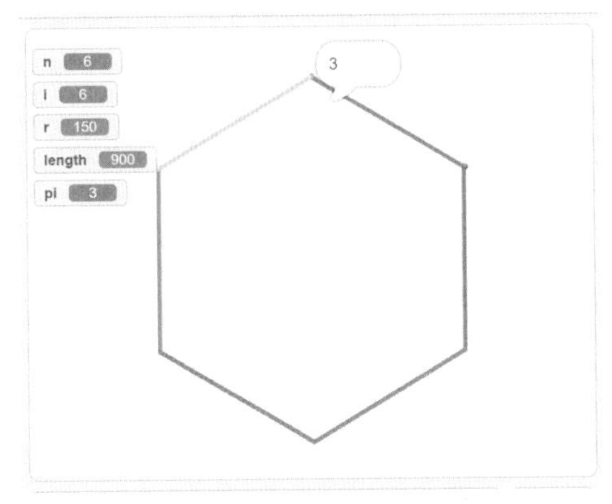

图 11-6　刘徽割圆法程序的运行结果。左侧为正五边形，右侧为正六边形

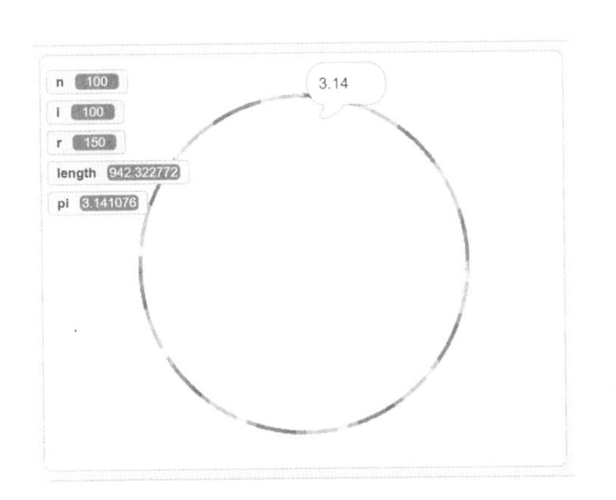

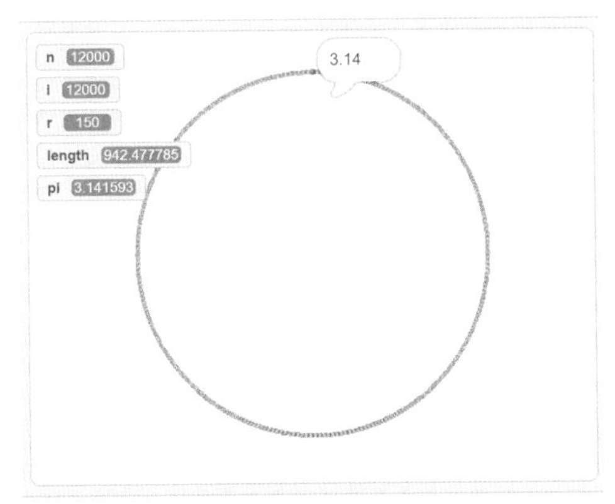

图 11-7　刘徽割圆法程序的运行结果。左侧为正一百边形，右侧为正一万边形

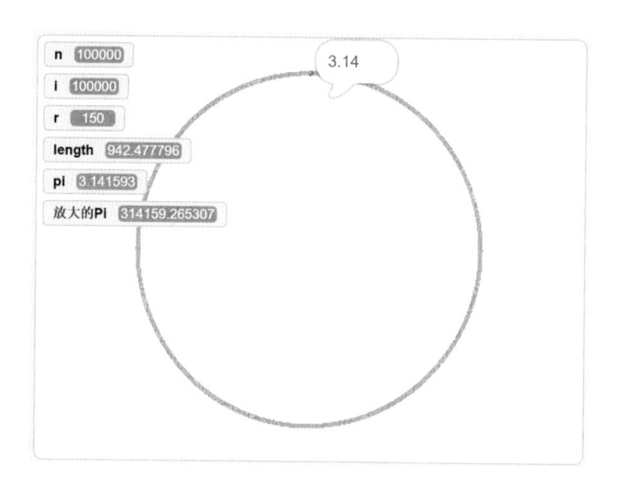

图 11-8 刘徽割圆法程序的运行结果：正十万边形，并且把 pi 乘以 100000

（二）大圆小圆的结果一样吗？

网上的资料说，刘徽当年是用半径 1 尺的圆计算圆周率的。这里我改变了半径，一个是半径为 150 的大圆，另一个是半径为 100 的小圆，我们看一看大圆小圆计算出的结果是否一致，得到的结果如图 11-9 所示。

我发现不管是大圆还是小圆，算出来的结果都是 3.14076，基本上是一样的。

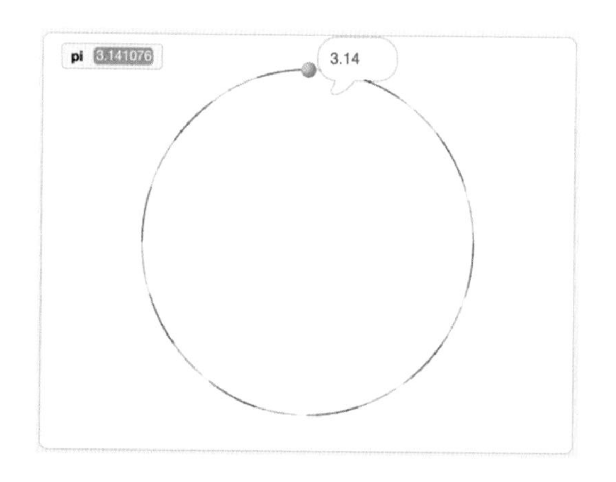

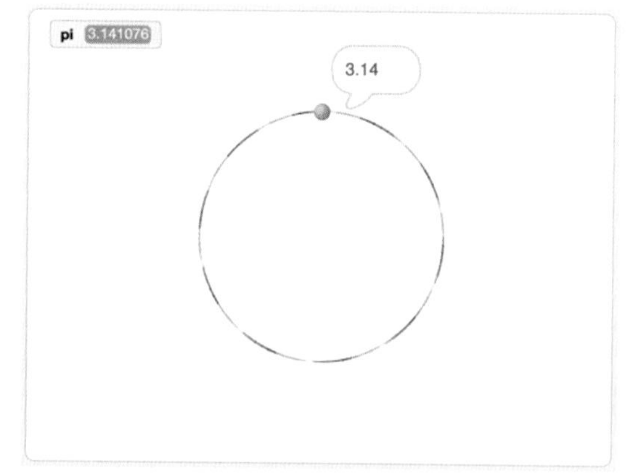

图 11-9 刘徽割圆法程序的运行结果。左侧为大圆，半径 r=150；右侧为小圆，半径 r=100

七、教师点评

π是非常重要的数。孩子们在 3 月 14 日这一天，通过编程自己亲手把π算出来，这很有意义。

用多边形近似圆，孩子们自己（比如卜文远同学）也有这个朦胧的想法；最后画出来的正一万边形、正十万边形越来越像圆，估计出的π越来越精确，孩子们非常兴奋！

当然了，本章的估计方法没有用到刘徽割圆法的“迭代”过程，这是一个缺陷，这也是受限于小学生的知识储备，不得不做出的让步。

除了编程实现之外，我们还给孩子们补充了如下知识：

（一）为何叫“割圆法”？哪里体现了“割”？

以正六边形为例，割圆法就是把圆分割成 6 份，用 6 个小三角形近似圆。

刘徽割圆法的核心之一在于“正多边形面积的迭代计算方法”，是讲怎样“根据正 n 边形边长计算正 $2n$ 边形的面积”。刘徽的原话是“以六觚之一面乘半径，因而三之，得十二觚之幂；若又割之，次以十二觚之一面乘半径，因而六之，则得二十四觚之幂”，也就是：

$$正十二边形的面积 = 正六边形边长 \times 3 \times 半径$$

$$正二十四边形的面积 = 正十二边形边长 \times 6 \times 半径$$

其中的道理很简单：你看图 11-2，正十二边形就是正六边形外加 6 个小三角形；为了求正十二边形的面积，刘徽先把正六边形切成 6 个大三角形，摆放成类似长方形的样子，再补上那 6 个小三角形，就得到一个完美的长方形了（长方形中有一个小三角形被分开显示了）。这个长方形的长是正 6 边形边长乘以 3，宽是半径。

刘徽割圆法使用勾股定理，先计算正十二边形的边长，然后计算出正二十四边形的面积，再应用勾股定理计算正二十四边形的边长，进而计算出正四十八边形的面积。这样由边长算面积，再由面积算边长，不断进行，就能不断逼近圆的面积了。

（二）本讲采用的方法与刘徽割圆法的差异

1）刘徽割圆法是“用多边形的面积逼近圆的面积”，我们这里为了便于编程实现，没用面积，而是使用“多边形的周长逼近圆的周长”。

2）用面积的好处是可以“两侧逼近”，即刘徽使用内接正多边形，面积始终比圆的面积小，同时在这个正多边形外边附加了一些矩形，总面积比圆的面积大，这样同时算出两个数，一个比 π 大，另一个比 π 小。

我们这里只用了内接正多边形的周长，只做到了单侧逼近，即算出来的这个数虽然接近 π，但始终比 π 小。做两侧逼近，需要用到勾股定理，我们留给高年级的小朋友们思考和尝试。

3）刘徽是从正六边形开始，每次倍增，作正十二边形、正二十四边形等。我们这里用的是正三边形、正四边形、正五边形等，这个影响其实不大。历史上，赵友钦割圆法也是用的正四边形。

（三）刘徽和祖冲之的生平

刘徽是淄乡（今山东邹平市）人，生活在三国和魏晋时期；他为《九章算术》做注，提出用割圆术计算圆周率的方法。刘徽的名言“割之弥细，所失弥少，割之又割以至于不可割，则与圆合体而无所失矣”，精辟地描述了割圆法的迭代过程。

祖冲之，字文远（卜文远知道后非常兴奋），出生于建康（江苏南京），是南北朝时期人，比刘徽小大约 200 岁。他在刘徽割圆法的基础上继续改进，首次将圆周率精确到七位数字，即在 3.1415926 和 3.1415927 之间。

最后再补充一点：古时候还没有小数点，小数是用分数来表示的。古人在没有现代便利的阿拉伯数字表示方式的情况下还能算得这么精确，真是值得钦佩！

第 12 讲 聪明的枚举：巧解数字谜

一、实验目的

我们常常遇到这样的“数字填空题”：选择 1～9 中的数字填入空格，每个格子填一个数字，使得等式成立。下面是一个例子。

$$\boxed{a} \div \boxed{b} \times \boxed{c} = \boxed{d}\boxed{e}$$

$$\boxed{f} + \boxed{g} - \boxed{h} = \boxed{i}$$

注意：这里我们不允许数字重复使用，也就是 1～9 这 9 个数，每个数都只能用一次。今天咱们编个程序求解这道题吧。

二、背景知识

（一）最笨的方法怎么填？

老师一再告诉我们：碰到问题，先从最简单的，或者说最笨的方法开始，再观察规律，根据观察到的规律逐步改进。

对于数字谜问题来说，最笨的方法就是“挨个试”：先试着把 a 填成 1，把 b 填成 2，c 填成 3，d 填成 4，e 填成 5，f 填成 6，g 填成 7，h 填成 8，i 填成 9。如果成立，那我们就胜利了；如果不成立，我们接着尝试其他填法。

这种方法叫作“枚举法”。顾名思义，就是把所有可能的填法都列举出来尝试一下，检验是否能够使等式成立。

（二）如何使得枚举时不遗漏可能的填数方案？

使用枚举法时最容易犯的错误就是遗漏一些可能的填数方案。要想不遗漏的话，最好的方式是“画图”：先画一个点表示 a，然后从这个点开始分支，a 能填几个数，就分几支。以咱们这个问题为例，a 能填 1, 2, 3, …, 9，所以就分 9 支。

接下来，针对 a 的每一种取值（就是每一个分支）继续尝试填 b，因为 b 能从 1, 2, 3,…, 9 中选，也有 9 种选择，我们就接着分 9 支。对 $c, d, \cdots, i$ 这些数以此类推。这样我们就能把所有可能的填空方案都画出来了，还不会遗漏，很好吧？

我手工画了一下这个图（见图 12-1）：每多考虑一个变量就长高一层，每一层又分 9 支。这个图称为“树”，真的很形象，就是一棵倒着长的树啊！

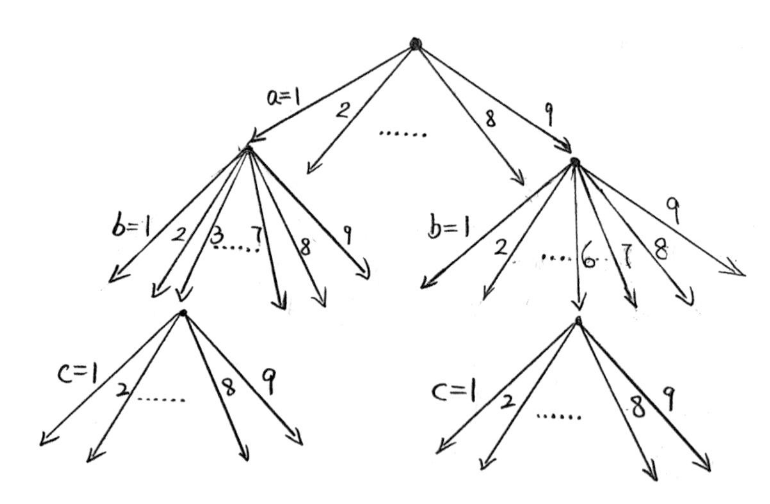

图 12-1　枚举 9 个数所有可能组合的枚举树（这里我们只画了 3 层）

这个搜索树对 $a, b, \cdots, i$ 这 9 个变量进行分支，我只画了三层，看起来就已经很多了。怎么办呢？一个聪明的方法是“剪掉一些不可能的分支”，这样的话树就会大大“瘦身”，计算就很快啦！

（三）如何手工计算判断次数？

每个变量所有可能取值个数的乘积就是判断次数。这是因为每个变量的取值变化一次，就会变成一个新的算式，判断次数就会加 1。举个例子，如果我们用最笨的算法，每个变量都有 9 种可能，那么判断次数就是 $9\times9\times\cdots\times9$，连乘 9 次，也就是进行 387420489 次判断。

三、基本思路

（一）最笨的枚举法

让 a, b, …, i 每个变量的取值都从 1 循环到 9，一共有 9 个变量，所以要写一个 9 重的循环。当所有变量都确定取值之后，我们检验一下等式是否成立。

（二）聪明一点的枚举法

我们自己发现了一个规律，可以用来减少判断次数。第 1 个变量 a 有 9 个选择，第 2 个变量 b 不能和 a 重复，因此只有 8 个选择，类似地，第 3 个变量 c 有 7 个选择……第 9 个变量 i 只有 1 个选择。

画图看得更清楚：搜索树的第 1 层有 9 个枝杈，第 2 层有 8 个枝杈，第 3 层有 7 个枝杈……，最后一层只有 1 个选择，就可以直接判断了，所以总共有 $9\times8\times7\times6\times5\times4\times3\times2\times1$ 条路径，也就是进行 362880 次判断，这可比刚才的笨方法简便多了！

（三）更聪明的枚举法

我们自己又发现一个规律：当知道 a, b, c 的取值之后，可以算出 d, e 来，

因此不用枚举 d, e 的取值。类似地，当知道 f, g, h 的取值之后，可以计算出 i 来，因此也不用枚举 i 的取值。

这样，我们只用枚举 a, b, c, f, g, h 这 6 个变量就可以了。也就是说，最多只需要进行 $9\times8\times7\times6\times5\times4=60480$ 次判断就可以了。

事实上还有一些规律，用了这些规律之后，最聪明的算法只需要进行 96 次判断就能得出结果了。小朋友们，你也试试吧？提示一下，第一个式子算出的结果必须是一个两位数，第二个式子算出的结果必须是一个一位数。利用这两个性质进行排除，判断次数还会大大减少。

四、编程步骤

（一）角色设计

这里只需要一个角色就够了，我们用默认的小猫角色。

（二）变量设计

- 每个框用一个变量表示，分别是 a, b, c, d, e, f, g, h, i。
- 判断次数：记录一共判断了多少次。
- 数字列表：凡是已经被用过的数，我们都放到这个列表里面。以后再选择数的时候，先看看这个数在不在这个列表里，在的话就不能再用了。
- 结果列表：保存使得等式成立的那些数。

（三）过程描述与代码展示

我们对每个变量都用一个“重复 9 次”积木，写一个循环，逐个尝试取值 1～9，看能否使得等式成立，这样循环套循环，有几个变量就套几层。这个问题一共有 9 个变量，所以得写 9 层嵌套循环（见图 12-2）。

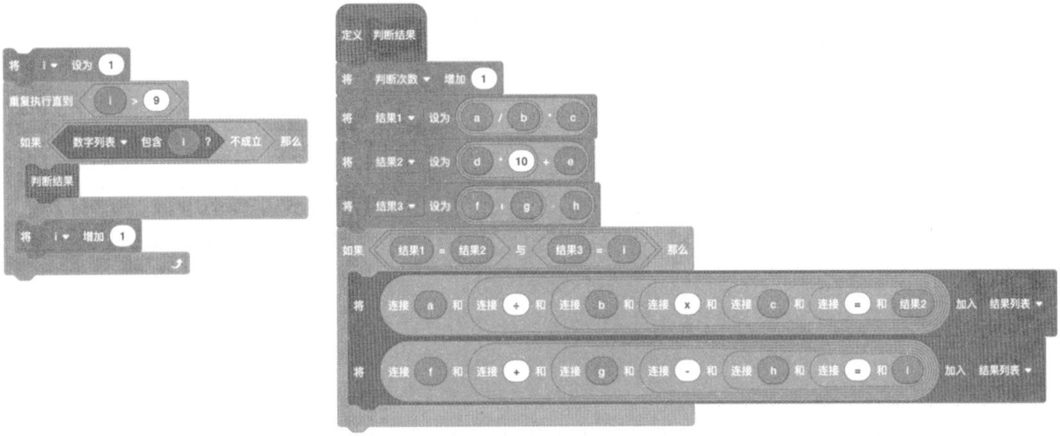

图 12-2 求解“数字谜”问题的最内层循环及“判断结果”

由于题目中要求这些变量不能相同，因此我们就在每一层循环中先把使用过的数放到“数字列表”里，后面的循环都不能使用这个列表中的数了。在循环的最内层，我们检验等式是否成立，如果成立，就把这个组合放到“结果列表”中（见图 12-3）。

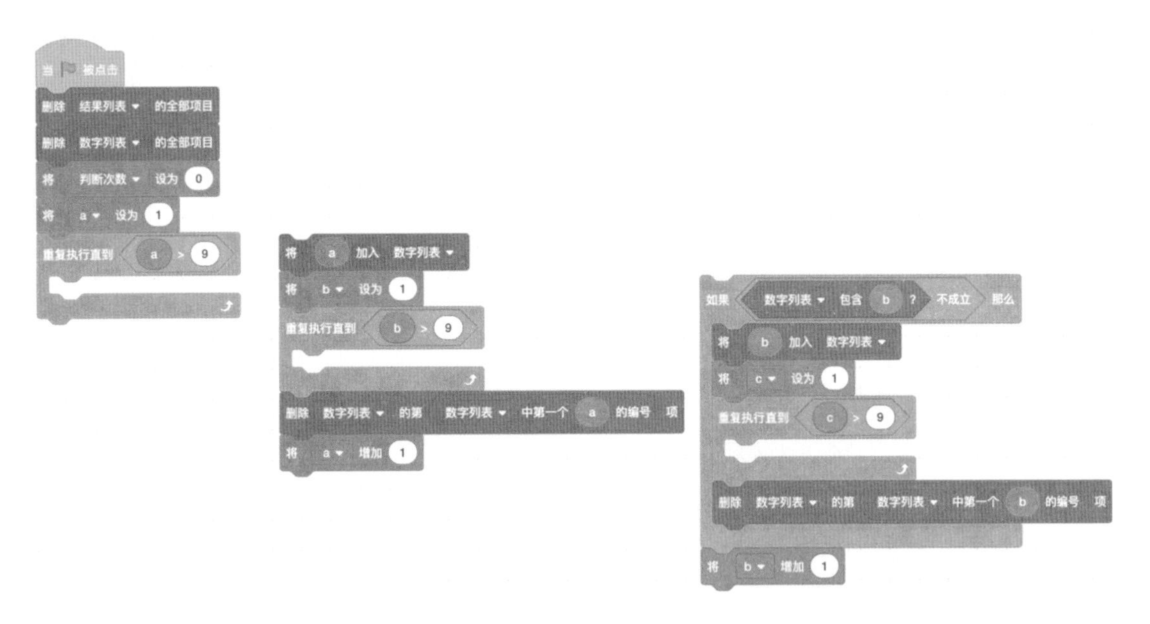

图 12-3 求解“数字谜”问题的枚举算法。这里只展示了嵌套循环的前 3 层

由于代码比较长，这里我们只展示了嵌套循环的前 3 层；完整的代码请参阅本书附带的软件包。

上面这个方法不太聪明，我们可以把它改造得更聪明一些：*d*, *e* 和 *i* 根本不用枚举，可以直接从 *a*, *b*, *c*, *f*, *g*, *h* 算出来。这样只用 7 层嵌套循环就可以了，不过代码还是很长，这里列不下，请到本书附带的软件包里找吧。

五、遇到的 bug 及改正过程

bug1：由于要嵌套 9 层循环，程序很复杂，因此我常常把变量搞混，或者少加循环，结果怎么也不对，找 bug 的过程也很困难。

改正：我想到了一个好办法，就是把每个变量作为一个个体，一个一个拉出来单独写，写完之后再嵌套到一起，这样就不容易出现错误了。

bug2：在最聪明的算法里，我一开始把 *d* 和 *e* 的判断全部写在一个条件里，结果发现怎么弄也不对。

改正：后来，我静下心来，把 *d* 和 *e* 拆开，分别进行判断，这样，每个判断条件都不容易出错，最终得到了正确的结果。后来我想，大概是因为前面把那么多判断条件写在一起，也比较混乱，容易搞错，同时，程序运行时很难直接满足所有的条件，这样就导致了问题的出现吧。

六、实验结果及分析

（一）算法找到了多少种答案？

如图 12-4 所示，不管是用笨办法还是聪明的办法，最终找到的答案都是一样的——96 种答案（因为两个算式组成一种答案，所以共有 192 个算式）。

（二）对比笨算法和聪明算法的判断次数

超级笨办法的判断次数是 387420489（天啊，要算这么多次），聪明一点的算法的判断次数是 362881 次（见图 12-4），而最聪明的算法只需要判断 96 次（见图 12-5）！“刷”的一下就运行结束！不同算法的差别真大呀！

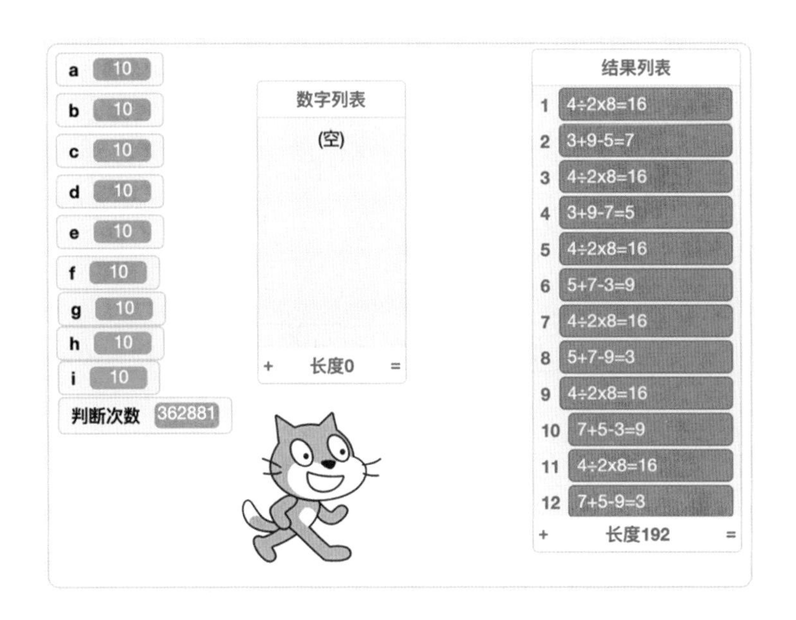

图 12-4　求解“数字谜”问题的“笨算法”的运行结果

图 12-5　求解“数字谜”问题的“聪明算法”的运行结果

七、思考与延伸

在上课时，我们想起来那个“算24”的游戏，就是给定4个数，用加减乘除运算（允许带括号）算出24来。我们把这个程序改动一下，加上数字的换位就可以了。

写完这个程序之后，我们又写了一个程序，解一个新的数字谜：将数字0, 1, 3, 4, 5, 6填入空格，每个数字只能使用1次，使得下面这个等式成立。小朋友们，你们也试试吧！

[a] x [b] = [c] 2 = [d][e] ÷ [f]

八、教师点评

“数字谜”是常见的小游戏，可以采用“枚举”策略来解决。同学们通过嵌套的循环，领会了基于枚举策略的求解方法。

枚举的关键是“剪枝”，就是尽量减少不必要的分支。比如在这个题目里，d, e和i这3个变量可以直接确定，不需要枚举。对比带剪枝的和不带剪枝的算法，孩子们对剪枝的威力印象深刻！

对这个题目，我们是从先实现最笨的方法开始，观察到规律就改进一下，再观察到规律再改进一下。孩子们也领会到了“不能一口吃个胖子”，要“逐步优化”。

枚举过程中一定要注意剪枝，那怎样进行剪枝呢？

兰老师讲过一个很有效的策略，叫“找突破口”，就是说通过分析和推理，能够排除一些变量的取值。拿“思考与延伸”里的那个数字谜为例，有a, b, c, d, e, f六个变量，为什么分支的时候一定要从a开始呢？先考虑哪一个变量结果都是一样的，要是先考虑取值范围少的变量，枚举会更简单。

我们可以这样分析：

第一步：找一个突破口。

我们来看$a \times b = c2$这个等式。两个数乘积的个位数怎样才能变成“2”

呢？枚举一下发现这两个数的组合只能是 1×2，2×1，3×4，4×3，2×6，6×2 这几种。不过因为 2 不能用，所以只能是 3×4 或 4×3。$3\times4=4\times3=12$ 说明 c 只能等于 1。a 等于 3，b 等于 4 或者 a 等于 4，b 等于 3。

用 $a\times b=c2$ 这个等式，一下子能够排除很多组合，所以这个等式是一个很好的“突破口”。

第二步：根据 $de\div f=12$ 这个等式，我们可以推断出 e 只能是 0。

原因很简单：f 是除数，所以不能是 0；d 出现在十位上，也不能是 0。

如果 d 是 5，那么 f 就是 6，但是 $50\div6=12$ 不成立，因此只剩下一种可能性了：d 是 6，f 是 5，$60\div5=12$，等式成立。

第三步：连接上面两个等式，得到下面两种填法：

第一种：$3\times4=60\div5=12$

第二种：$4\times3=60\div5=12$

这种“找突破口”策略很灵：我们只需要考虑 $2\times1\times1\times1\times1\times1\times1=2$ 种组合，比笨的枚举法快多了！

我们结合奥数课的内容设计了这次练习。孩子们发现笨方法考虑的填法太多了，单靠手工计算是很难完成的，只有写程序才能完成，而聪明的方法只看几步就行了。“枚举一定要注意剪枝，剪枝的关键是找准突破口，先考虑那些选择范围少的变量”，这是我们想让孩子们领会的计算思维之一。

第 13 讲
再论聪明的枚举：三阶幻方

一、实验目的

三阶幻方是一个有趣的游戏。这个游戏是这么玩的：有一个 3 行 3 列的九宫格，让我们把数字 1～9 填入格子之内，每个格子只能填一个数，要求是每行、每列、每条对角线的加和都相等。比如图 13-1 中就是一种填法。

6	1	8
7	5	3
2	9	4

图 13-1 三阶幻方示例

我们验算一下：行和 6+1+8=7+5+3=2+9+4=15，列和 6+7+2=1+5+9=8+3+4=15，两条对角线 6+5+4=8+5+2=15，的确都相等。

包老师问我们："除了这种填法之外，还有多少种填法？能不能写个程序把所有的填法都找出来呢？"

二、背景知识

（一）什么是幻方？

三阶幻方是最简单的幻方，是由 9 个数组成的一个 3 行 3 列的矩阵，其每一行、每一列和两条对角线的数字之和（称为**幻和值**）都相等。

一般常常用 1, 2, 3, …, 9 这 9 个数填三阶幻方，不过也可以换用其他数，比如，用 1, 3, 5, 9, 11, 13, 17, 19, 21 这 9 个奇数组成图 13-2 所示的三阶幻方。你看这里的幻和值等于 33，和上一个幻方完全不一样了。

19	1	13
5	11	17
9	21	3

图 13-2 用 9 个奇数组成的三阶幻方示例

（二）怎样填幻方？

奇数阶幻方的口诀是：

1 居上行正中央，依次斜填切莫忘。

上出框界往下写，右出框时左边放。

重复便在下格填，出角重复一个样。

我翻译一下这几句口诀吧：

- 先在第一行居中的方格内放 1，依次向右下方填入 2, 3, 4…。
- 如果这个数所要放的格已经超出了底行，那么就把它放在顶行，仍然要放在左一列。
- 如果这个数所要放的格已经超出了最右列，那么就把它放在最左列，仍然要放在上一行。
- 如果右方已有数字超出了对角线，则向下移一格继续填写。

图 13-3 中是我按照这个口诀填写的三阶幻方，注意，关键的一步是别忘了把 1 翻到下面来，9 翻到上面去，把 7 翻到右边，3 翻到左边。

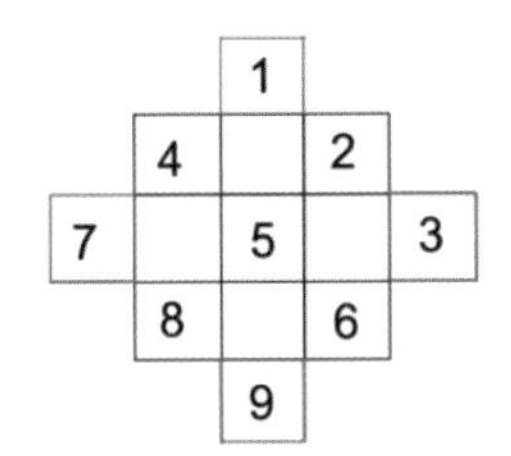

4	9	2
3	5	7
8	1	6

图 13-3　**按口诀写三阶幻方的过程**

（三）三阶幻方有哪些性质？

我们把这 9 个空格里面的数字用 $a, b, c, d, e, f, g, h, i$ 表示。

a	b	c
d	e	f
g	h	i

对于用 1～9 这 9 个数字填写的三阶幻方来说，有如下性质：

性质一：幻和值 =(1+2+3+⋯+9) / 3 = 15。

这个很容易理解：所有数字总和 1+2+3+⋯+9=45，三行都相同，所以每一行是 45/3=15。

性质二：幻和值是中心数 e 的 3 倍，因此 e = 15/3 = 5。

这也很好证明，我们看以 e 为中心的行、列和两条对角线，得到：

第 2 行：$d+e+f=15$

第 2 列：$b+e+h=15$

对角线：$a+e+i=15$

$c+e+g=15$

把这些等式都加起来，左边是 $a+b+c+d+e+f+g+h+i+3e$，右边是 60，而 $a+b+\cdots+i=45$，所以能够推导出 $3e=15$，因此可以推断出 $e=5$。

性质三：以中心对称的 2 个数相加的和都是 10。

这个性质可以很容易地从上面两个性质推导出来。

（四）三阶幻方的“包卜魏猜想”

我们三个（包若宁、卜文远和魏文珊）发现了一个规律：只要知道 3 个数，即中心数 e，左中数字 d，左上角数字 a，就能唯一确定三阶幻方！

我们的步骤是这样的：

第一步：既然知道了 e，那么幻和值就能求出来了，肯定是 $3e$。

第二步：知道了 a, d，用幻和值减去 a 和 d，就能得到 g。

第三步：知道了 a, e，用幻和值减去 a 和 e，就能得到 i。

这样一步一步推导，就能把整个幻方全部推出来了！这种方法不仅适用于由 1～9 组成的幻方，由其他数构成的幻方也适用！图 13-4 是我们当时在黑板上推理时画的幻方。

发现了这个规律，我们太兴奋了！老师也非常高兴，把我们这种方法命名为“包卜魏猜想”。我们也有以自己名字命名的猜想啦！

图 13-4　三阶幻方的“包卜魏猜想”。卜文远（左）、包若宁（中）、魏文姗（右）提出猜想后，在黑板前合影

三、基本思路

（一）最笨的填法是怎么填的？

我们可以枚举所有可能的填法，然后检验每种填法，判断是否构成幻方。比如：如果将 a 设为 1，那么 b 就要从 2～9 里选择一个数，有 8 种可能；如果将 b 设为 2，那么 c 就要从 3～9 中选择一个数，有 7 种可能；因此，将 9 个数填入 3×3 的表格，一共有 $9\times8\times7\times6\times5\times4\times3\times2\times1=360880$ 种可能的排列，每种情况需要进行 8 次判断（检查 3 行之和、3 列之和、3 条对角线之和），来判断是否构成三阶幻方。

（二）聪明的方法怎么填？

刚才那种枚举的组合太多了！老师在给我们讲“数字谜”问题的时候就一再强调，枚举时一定要看能不能剪枝。换句话说，在填入数字的时候，就要考虑三阶幻方的数值约束，不要等到最后再判断。这样做的好处是能够尽快排除很多组合，比如：

- 我们尝试 a=9, b=8，这时 $a+b$ 已经比 15 大，其他的 $c, d, e, \cdots, i$ 就不用试了。
- 因为 a, b, c 之和为 15，只需要给定 a, b 的数值，即可推导出符合约束的 c 的数值。比如 a = 9, b=1，可以推导出 c=6，不用再枚举 c 了。

四、编程步骤

（一）角色设计

只需要一个角色，任选一个即可。

（二）变量设计

- $a, b, c, d, e, f, g, h, i$：每个格子内填写的数字。
- 判断次数：记录一下总共枚举了多少次，做了多少次判断。
- “已用过的数字”列表：记录我们已经用了 1～9 中的哪些数字，剩下的才能用来填方格。
- “找到的幻方”列表：记录我们找到的所有填法。

（三）过程描述与代码展示

我们就应用“包卜魏猜想”吧！一开始先把 e 定下来，因为 e=15/3=5，肯定是 5，就不用枚举了。

然后我们只枚举 a, b 两个数，就是写一个两重循环，枚举 a 从 1 到 9，枚举 b 从 1 到 9，其他数都不用枚举了，直接应用“包卜魏猜想”逐个推导出来就行了（见图 13-5）。

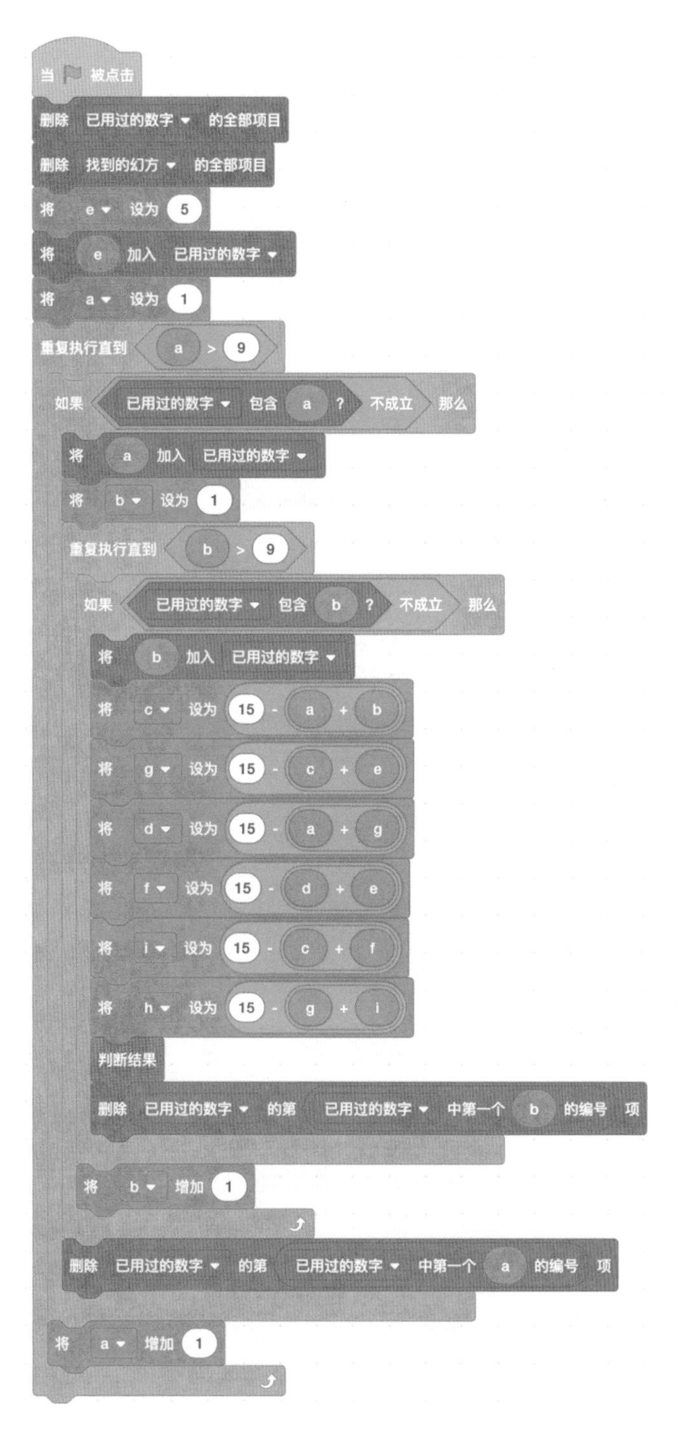

图 13-5　枚举三阶幻方所有填法的程序

因为我们应用“包卜魏猜想”时，保证行和、列和、对角线之和都是15。但是这样算出来的 $c, d, \cdots, i$ 中的数有可能是重的，比如 c=7，d 也是7。我们单独写了一个积木，检查是不是有数字被重复使用了。

这个积木是这样运行的：凡是用过的数字，我们都放到“已用过的数字”列表里，这里面的数字以后再也不能用了，这样就避免了重复（见图13-6）。

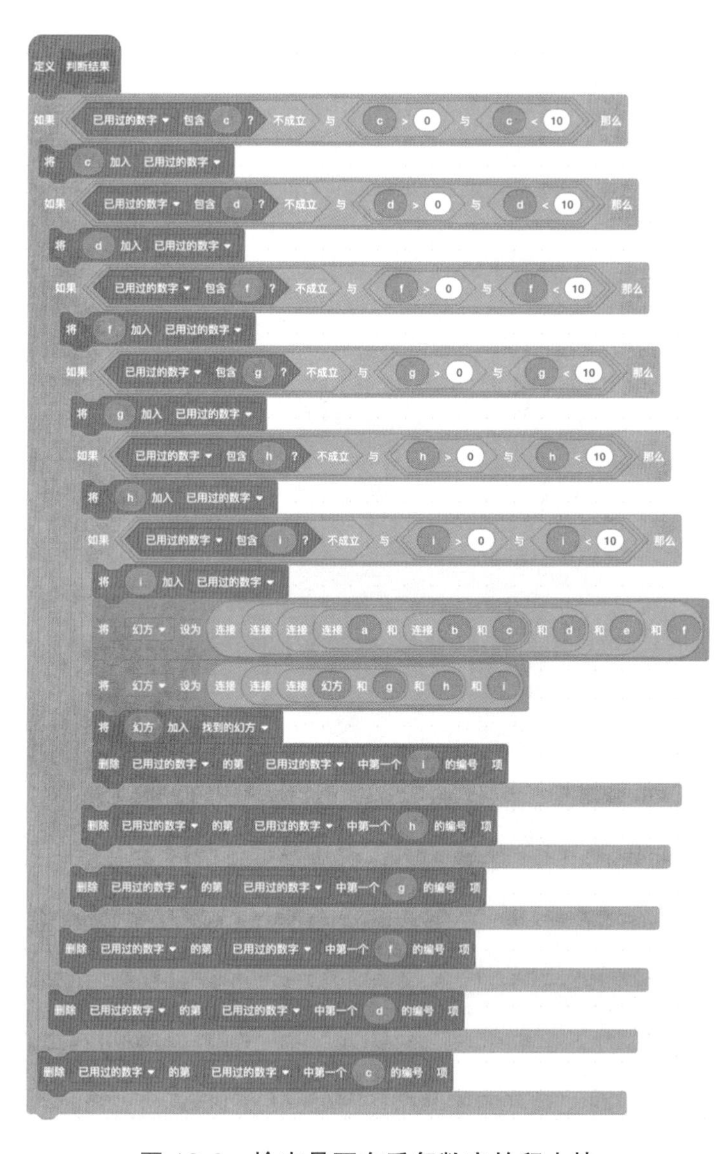

图 13-6　**检查是否有重复数字的积木块**

五、实验结果及分析

我们的程序运行得非常快，找到了 8 种幻方填法。

那这些结果对不对呢？我们手工枚举了一遍（用“包卜魏猜想”枚举很快），和程序运行结果完全一致。我们也实现了笨方法和聪明的方法，这两种方法的结果是一样的，只是聪明的方法判断次数少得多（见图 13-7）。

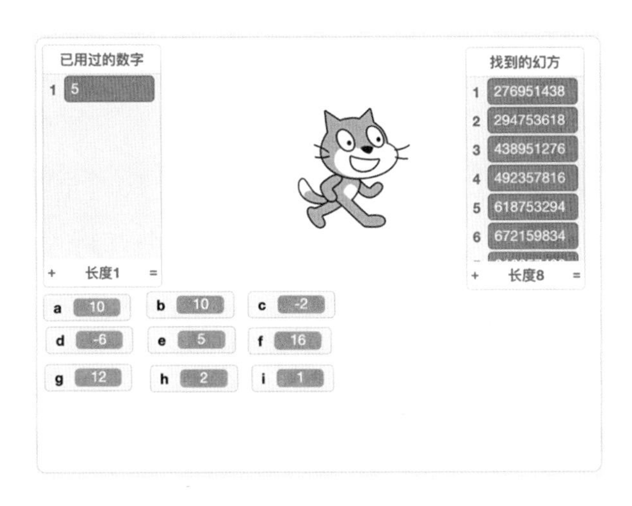

图 13-7　枚举三阶幻方所有填法的程序运行结果

六、思考与延伸

三阶幻方我们会做了，那五阶幻方怎么做呢？道理是类似的，我们扩展一下“包卜魏猜想”，五阶幻方可以很快地枚举出来。

七、教师点评

这堂课的重点和“数字谜”问题一样，还是“枚举时一定要注意剪枝”。

孩子们自己发现了“包卜魏猜想”，非常兴奋！学数学以及做数学研究时（甚至不限于数学）形成猜想是一个很重要的步骤。写的这个程序也是完全依赖于“包卜魏猜想”进行剪枝，因此写程序时热情高涨，这很好！

从最简单的做起：4 个和尚分馍馍

一、实验目的

唐僧师徒四人取经路上，孙悟空化缘化到了 10 个馍馍。师徒四人分馍馍，每人可以吃 0，1，2，…，10 个（我们约定不允许吃 0.5 个等非整数个馍馍）。

请问共有多少种分法？我们写程序求出来吧！

二、基本思路

碰到复杂问题怎么办？卜老师一再强调：遇到复杂的问题直接做往往有困难，我们就先考虑最简单的情形，看最简单的情形会不会；如果最简单的情形我们都不会做，那就可以直接放弃了。

假如最简单的情形我们会做了，那下面就要考虑怎样把复杂的问题归纳成简单的问题，也就是**递归**。因此，“从最简单的做起”往往和“递归”是紧密联系在一起的。后来卜老师又通过“河内塔”游戏、斐波那契数列为我们详细讲解了递归。

拿这个例子来说，4 个和尚分馍馍直接做不好做，那就先考虑简单的情形：孙悟空和唐僧两个和尚分馍馍的问题，这就简单多了；然后考虑孙悟空、唐僧、猪八戒 3 个和尚分馍馍的问题；最后再考虑 4 个和尚分馍馍的问题。

三、编程步骤

（一）角色设计

这里我们只设置一个角色，就用小猫吧。

（二）变量设计

- Tang：唐僧分到的馍馍数。
- Sun：孙悟空分到的馍馍数。
- Zhu：猪八戒分到的馍馍数。
- Sha：沙和尚分到的馍馍数。
- counter：表示所有可能的分法。
- n：一共有几个馍馍。

（三）过程描述与代码展示

（1）2 个和尚分馍馍的求解过程（唐僧先吃，然后孙悟空吃）。

先看最笨的方案：Tang 从 0 枚举到 n，Sun 从 0 枚举到 n；判断条件是 Tang+Sun=n。

咱们改进一下：Tang 从 0 枚举到 n，Sun 不用枚举，可以直接算出来：Sun=n-Tang，就是剩下几个孙悟空吃几个。

（2）3 个和尚分馍馍的求解过程（唐僧先吃，然后孙悟空吃，最后猪八戒吃）。

先看最笨的方案：Tang 从 0 枚举到 n，Sun 从 0 枚举到 n，Zhu 从 0 枚举到 n；判断条件是 Tang+Sun+Zhu=n。

咱们改进一下：Tang 从 0 枚举到 n，Sun 从 0 枚举到 n-Tang，Zhu 不用枚举，可以直接算出来 Zhu=n-Tang-Sun。

（3）4 个和尚分馍馍如何求解？这跟 3 个和尚分馍馍很类似！

先看最笨的方案：Tang 从 0 枚举到 n，Sun 从 0 枚举到 n，Zhu 从 0 枚举到

n，Sha 从 0 枚举到 n；判断条件是 Tang+Sun+Zhu+Sha=n。程序见图 14-1。

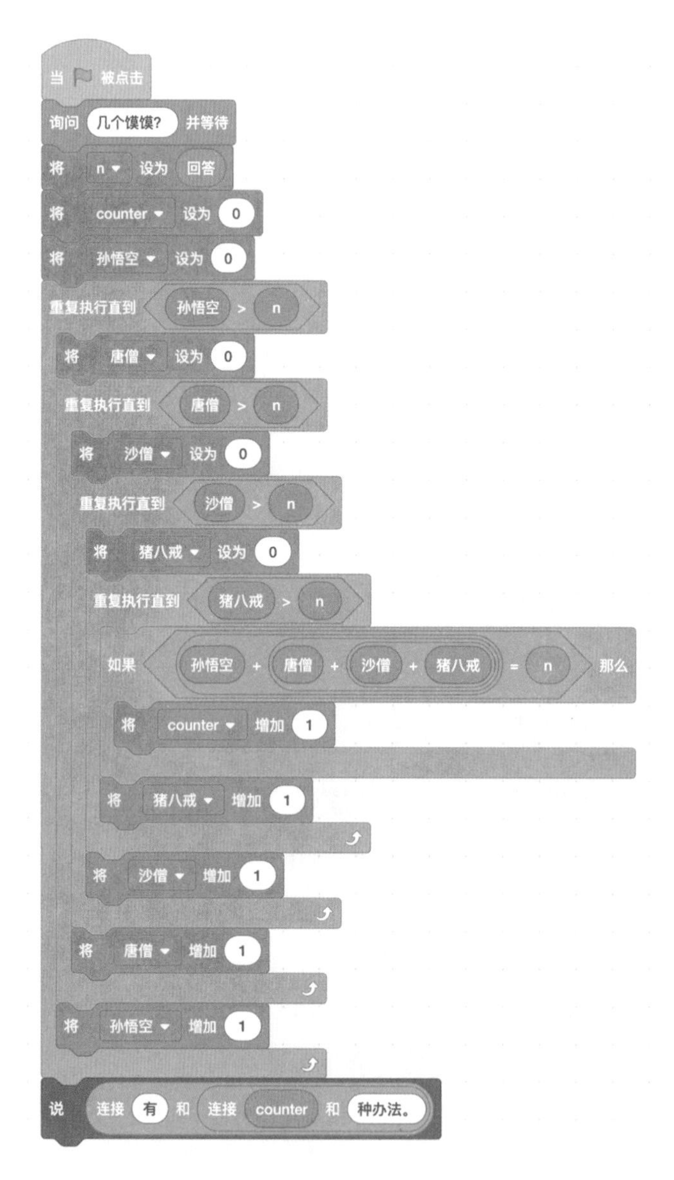

图 14-1　**求解 4 个和尚分馍馍问题的笨方法**

我们再来改进一下：Tang 从 0 枚举到 n，Sun 从 0 枚举到 n-Tang，Zhu 从 0 枚举到 n-Tang-Sun，Sha 不用枚举，可以直接算出来，有 Sha=n-Tang-Sun-Zhu。程序见图 14-2。

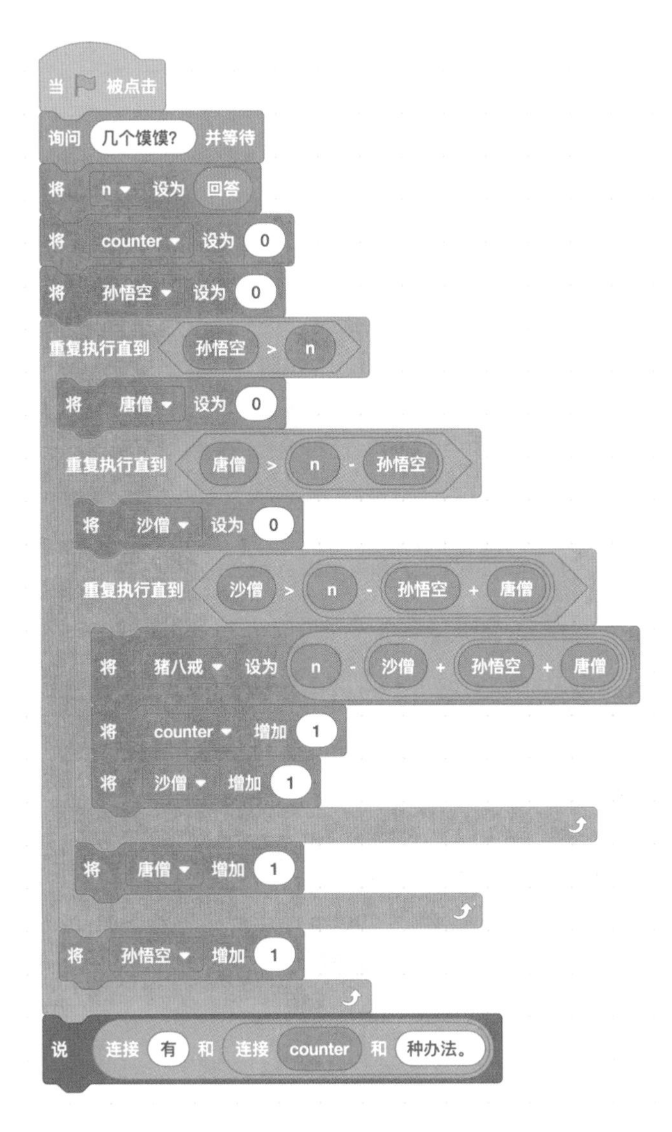

图 14-2　**求解 4 个和尚分馍馍问题的聪明方法**

四、遇到的 bug 及改正过程

bug1：循环中忘记初始化变量。

改正：尤其在外面两层循环中，记得要将一些变量初始化，否则会导致灾难性后果！而且变量初始化最好放到“重复执行”积木块前面。

bug2：循环结束条件出错。

改正：这个错误也很容易在循环类题目中出现，我好几次都卡在这个地方了，太难了！后来得到的经验就是，分清楚每个变量的作用和能取到的值很重要。

例如 `Tang` 在最外面的循环中，所以 `Tang` 能取到的值是从 `0` 到 `n`，`Sun` 在第二外层循环，所以能取到的值是从 `0` 到 `n-Tang`，`Zhu` 在第三外层循环，所以能取到的值是从 `0` 到 `n-Tang-Sun`。这样，停止条件就不会错啦！

五、实验结果及分析

如果是 4 个和尚分 10 个馍馍，我们的程序会报告有 286 种分法（见图 14-3）。这个数背后有什么规律吗？咱们先从 2 个和尚分馍馍看起吧。

图 14-3　**求解 4 个和尚分馍馍问题程序的运行结果**

（一）2 个和尚分馍馍的分法与馍馍数有何关系？

从表 14-1 中的实验结果可以看出，2 个和尚分 n 个馍馍有 $n+1$ 种分法。

表 14-1　2 个和尚分馍馍的分法数目

馍馍数 n	分法数目 count
1	2
2	3
3	4
4	5
5	6
6	7

(二) 3 个和尚分馍馍的分法与馍馍数有何关系?

我一眼就看出这些数刚好都是三角形数（见表 14-2）。三角形数是古希腊著名数学家毕德哥拉斯发现的，他发现用 1, 3, 6, 10…个小石子，分别可以排成边长为 1, 2, 3, 4…的等边三角形，所以就把这些数称为“三角形数”了。

表 14-2　3 个和尚分馍馍的分法数目

馍馍数 n	分法数目 count
1	3
2	6
3	10
4	15
5	21
6	28

那么为什么 3 个和尚分馍馍的分法与三角形数有关系呢？我们再来仔细分析一下：1 个馍馍对应 3 种分法，可以拆成 1+2；2 个馍馍对应 6 种分法，可以拆成 1+2+3；3 个馍馍对应 10 种分法，可以拆成 1+2+3+4。以此类推，3 个和尚分 n 个馍馍的分法就是 $1+2+\cdots+(n+1)$，也就是 $\frac{(n+2)\times(n+1)}{2}$。

（三）4个和尚分馍馍的分法与馍馍数有何关系？

哎呀，这个数列就比较复杂了（见表14-3）。我们来看看相邻数之差吧：第2个数比第1个数大6，第3个数比第2个数大10，第4个数比第3个数大15，第5个数比第4个数大21，第6个数比第5个数大28，这不就是我们上面的三角形数吗？

表14-3　4个和尚分馍馍的分法数目

馍馍数 n	分法数目 count
1	4
2	10
3	20
4	35
5	56
6	84

这样我们就能得到这样的规律：4个和尚分1个馍馍共有4种分法；分2个馍馍的话，增加了1+2+3种分法，因此有4+(1+2+3)种分法；分3个馍馍的分法再增加1+2+3+4种，所以一共有4+(1+2+3)+(1+2+3+4)种分法；以此类推，分n个馍馍共有$4+(1+2+3)+(1+2+3+4)+\cdots+(1+2+\cdots+n+1)$种分法。

六、思考与延伸

这个分馍馍的题目和数学有什么关系呢？其实，这个分馍馍的程序就是我们数学中常用的枚举法的一种实现，下次你们碰到可以用枚举来解决的数学问题，也可以用分馍馍的方法来让计算机帮你实现！

小朋友们，你们学会了吗？如果学会了，咱们再扩展一下：如果白龙马也想吃，那么四人一马怎么分馍馍呢？

七、教师点评

4 个和尚分馍馍，这个问题很清晰易懂，但是又有难度，是培养孩子们“从最简单的情况做起”这一思维习惯的好题目。简要地说，碰到难题不会做，我们就先分析哪种情况是最简单的情况，最简单的情况怎么做。如果最简单的情况会做了，接下来我们就要思考如何把复杂的情况分解成简单的情况。拿 4 个和尚分馍馍来说，一旦唐僧拿了几个馍馍之后，剩下的问题就变成了 3 个和尚分馍馍的问题了。

让孩子们养成“从简单的情况做起”的思维习惯，最大的好处在于能够避免面对复杂问题时无从下手、对着问题发呆的情况。

傅鼎荃在解决 3 个和尚分馍馍问题时一下子就看出来是三角形数，出乎我的意料，后来又对 4 个和尚分馍馍问题的分法数目给出了一个解释，解释过程中体现出了对“递归”的领悟。非常棒！

第 15 讲 用“试错法”求解鸡兔同笼问题

一、实验目的

今天我们编程求解鸡兔同笼问题，就是请用户输入鸡和兔子的总头数和总腿数，程序要输出鸡的数目和兔子的数目。

二、背景知识

（一）什么是鸡兔同笼问题？

鸡兔同笼是我国古代著名趣题之一。大约在 1500 年前，《孙子算经》中就记载了这个有趣的问题，书中是这样叙述的：“今有雉、兔同笼，上有三十五头，下有九十四足，问雉、兔各几何？”这里的“雉”就是鸡的意思。

这段话的意思就是鸡与兔子混在同一笼内，已知鸡兔共有的头数与腿数，求有几只兔子几只鸡（见图 15-1）。

图 15-1 鸡兔同笼问题

（二）怎样求解鸡兔同笼问题？

（1）试错法

试错法是一种重要的思考问题的方法，包括**“尝试，验证对错，如果错误则修正后继续尝试”**三步。详细地说，我们先假设待求的数取某一个值，然后通过推导、验证已知条件，看这个假设对不对；如果不对，则想办法修正这个假设。这样不断修正，最后求出问题的解来。

用试错法解答鸡兔同笼问题就可以先假设笼子里全是鸡，于是根据鸡兔的总数就可以算出共有几条腿，把这样得到的腿数与题中给出的总腿数相比较，如果一致则求解完毕，否则看看差多少条腿，每差 2 条腿就说明有 1 只兔子，因此将所差的腿数除以 2，就可以算出共有多少只兔子。

以《孙子算经》记载的问题为例，用**假设法**求解的过程如下：

假设笼子里全是鸡，即鸡有 35 只，兔子有 0 只，则一共有 $35 \times 2=70$ 条腿，但是已知总腿数是 94，这比总腿数少 24 条。看来全都是鸡这个假设不对，那该怎样修正假设呢？我们尝试修正一下：

- 要是少 1 只鸡的话，即有 34 只鸡和 1 只兔子的话，共有 $34 \times 2+1 \times 4=72$ 条腿；
- 要是少 2 只鸡的话，即有 33 只鸡和 2 只兔子的话，共有 $33 \times 2+2 \times 4=74$ 条腿。

这时候几位同学都看出规律来了：每少 1 只鸡，就多 1 只兔子，会多出 2 条腿。刚刚我们已经看到，当假设全部都是鸡的时候，少了 24 条腿；因此，应该有 $24 \div 2=12$ 只兔子，有 $35-12=23$ 只鸡。

（2）列方程法

列方程解题有个小窍门：凡是不知道的数（叫未知数），先用一个符号表示，比如 x, y, z 等，然后把已知条件用这些未知数表示成等式。先把方程列出来，再看怎样解这些方程，求出未知数。

在“鸡兔同笼”的问题中，可以设有 x 只兔子，然后根据鸡、兔的只数与腿数的关系列出方程来。以上面的问题为例，用列方程法求解：

设有 x 只兔子，则鸡有 $35-x$ 只，总腿数是 $4\times x+2\times(35-x)$。现在我们又已知总腿数是 94，因此可以列出等式：

$$4\times x+2\times(35-x)=94$$

化简一下，可以得到：

$$2\times x+2\times 35=94$$

最终可以得出 $x=12$，即兔子有 12 只，鸡有 23 只。

三、基本思路

我们采用“试错法”来编程求解鸡兔同笼问题：我们尝试猜测鸡的数目。详细地说，先尝试鸡的数目是 0，逐渐增加到总头数；对每一次尝试，都算出兔子的数目，再算出总腿数，并和已知的总腿数比较，看两者是否一致，如果一致，则找到了答案，否则就增加鸡的数目。

这里的“尝试 - 验证 - 再尝试”循环就用“重复执行直到”积木块实现吧！

四、编程步骤

（一）角色设计

只用一个角色即可，我用的是一个人。

（二）变量设计

- `headNum`：总头数，由用户输入。
- `legNum`：总腿数，由用户输入。
- `chickenNum`：有几只鸡。
- `rabbitNum`：有几只兔子。
- `chickenLegNum`：鸡腿的数目。

- rabbitLegNum：兔腿的数目。

（三）过程描述与代码展示

我们写一个循环，将 chickenNum 从 0 枚举到 headNum；在每一次循环里，先计算兔子的数目 rabbitNum，再计算腿数，如果腿数等于已知的总腿数，则结束，打印鸡和兔子的数量（见图 15-2）。

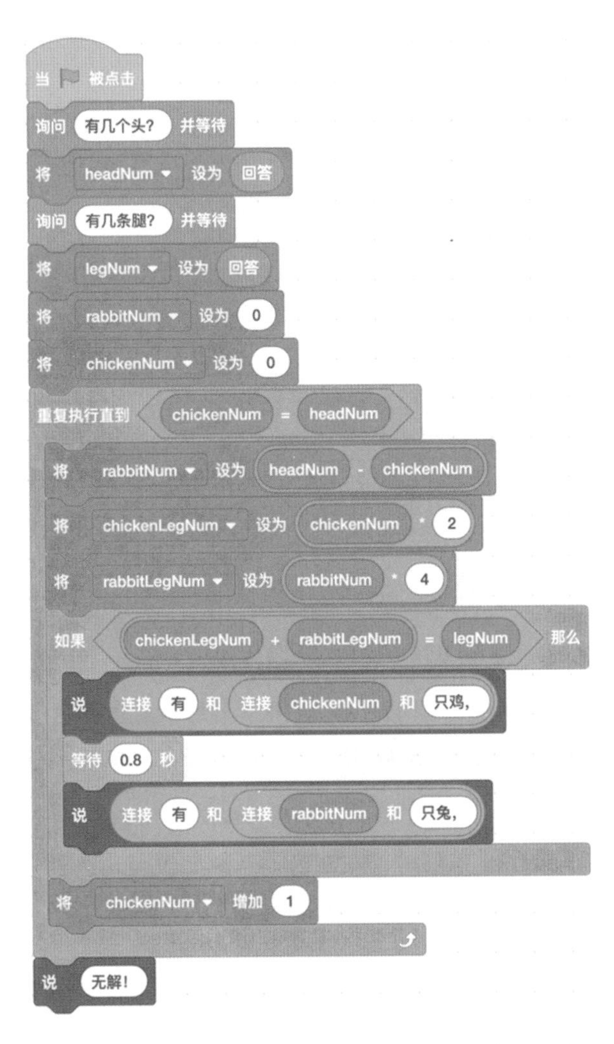

图 15-2　求解“鸡兔同笼问题”的试错法程序

五、遇到的 bug 及改正过程

bug：用户有时输入的头数和腿数不合理，比如共有 10 个头、10 条腿，但是程序不报错。

改正：在找到解之后，添加“停止全部脚本”，在程序的最后，添加“无解”。

六、实验结果及分析

输入几组不同的 headNum 和 legNum，程序的输出如表 15-1 所示。前两组都是对的；最后一组有 24 个头，但是却有 822 条腿，这显然不可能，程序报告“无解”。

表 15-1　求解“鸡兔同笼”问题的试错法程序运行结果

headNum	legNum	chickenNum	rabbitNum
8	20	6	2
36	122	11	25
24	822	无解	无解

七、思考与延伸

1）鸡兔同笼问题中腿的总数量能否为奇数？

2）用鸡兔同笼问题的解法可解决类似的问题：停车场上共停放 56 辆小轿车和自行车，两种车轮子数总和为 38 个，小轿车和自行车各有几辆？

3）把上面的问题中的自行车换成三轮车呢？

八、教师点评

鸡兔同笼是经典问题。我在给孩子们上数学课时讲过这个问题，当时引导孩子们用“试错法”思考。试错法是一种“正向”的思维方式，首先能够促进孩子们理解题意，更重要的是能够促进孩子们去大胆尝试。

与之相反，求解问题是一个“逆向”思考过程，只有在进行充分的正向思考、弄懂问题的意思之后，才能更好地理解逆向解法，甚至自己发现逆向解法。从教学的角度来说，直接教“逆向”求解法也不是不可以，但是往往会有一些害处：孩子们只是单纯地背会了解法，对于这种解法是怎样得出来的，自己能否想出来却没有头绪。

在引导孩子们采用“正向”思维方式进行尝试时，还发生了一件令我吃惊的事情：傅鼎荃同学自发地想出了“折半查找法”。当时我们求解《孙子算经》里的例子，我在黑板上画出了这样的表格，表示尝试过程（见表 15-2）。

表 15-2　求解鸡兔同笼问题的尝试过程与“二分法查找”

尝试鸡有几只	兔子有几只	腿数	和已知条件一致吗?
0	35	140	多于 94 ×
1	34	138	多于 94 ×
2	33	136	多于 94 ×
…	…	…	…
35	0	70	少于 94 ×

当我带着孩子们尝试到鸡有 2 只时，孩子们说：“这样算下去，太累了！腿数总是远远多于 94！老师，咱们干脆尝试鸡有 35 只试试看。”

于是我们就直接尝试鸡有 35 只是否正确；我在表格中间空了一行，表示跳过了一些尝试。

结果很不幸，这次也不对，腿数又太少了！现在该尝试鸡有多少只，是从大到小尝试鸡有 34 只，还是继续刚才的从小到大的过程，尝试一下鸡有 3 只呢？

这时傅鼎荃同学站起来说：“老师，咱们不尝试有 34 只鸡，也不尝试有 3 只鸡，而是从中间尝试，试试鸡有 17 只行不行”。这是计算机里经典的“折半查找法”啊！我们从来没有教过孩子们这个方法，这完全是傅鼎荃自发地想出了这个方法！这是我们“慢数学”教学的一个小小的胜利！

受傅鼎荃小朋友的鼓舞，卜文远和魏文姗同学从这个表格里观察出一个规律：每多 1 只鸡，就少 2 条腿。这样不用枚举也行啊！至此，可以说孩子们已经完全掌握了这个问题的求解方法。甚至后来碰到“铁块重 3 千克，铜块重 5 千克，已知共 6 块金属，总重量 20 千克”的问题时，也立刻反应出这就是鸡兔同笼问题。

至于列方程求解法，孩子们反而觉得太麻烦：列方程简单，解方程好难。我们干脆只要求孩子们会列方程即可，至于解方程，让孩子们用“方程求解”软件 https://zh.numberempire.com/equationsolver.php 就行了，孩子们很高兴！

第 16 讲 随机有威力：打圆形靶子估计 π

一、实验目的

在 2020 年 3 月 14 日数学节那一天，我们编程实现了刘徽割圆法，估计出的圆周率 π=3.141592653，精确到了小数点后 9 位，非常准！

刘徽割圆法是估计圆的面积：对于半径为 1 的圆，面积就是 π。我们写的程序是估计圆的周长：对于半径为 1 的圆，周长就是 2π。

除了直接估计圆的面积或者周长，还有没有办法来估计 π 呢？

有的，通过打圆形靶子也能估计！这种方法是这样的：大家都玩过扔飞镖吧？如图 16-1 左图所示，我们做一个正方形靶子，然后紧贴着正方形内部画一个圆（老师说这叫“内切圆”）。我们随意投掷飞镖，尽量让飞镖落在正方形上任何位置上的可能性都差不多，可不是瞄准靶心扔飞镖啊！

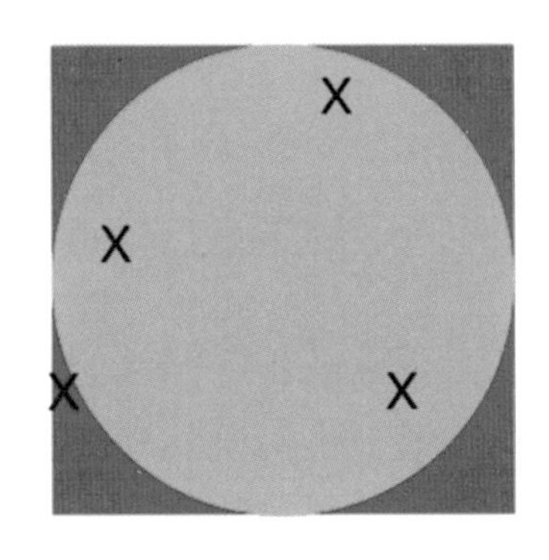

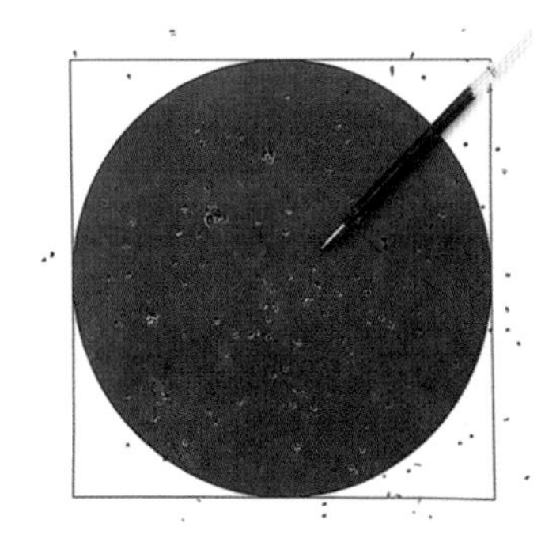

图 16-1 “打圆形靶子估计 π”示意图（左）及手工实验结果图（右）。圆形靶子是正方形的内切圆，黑色的 X 表示飞镖的落点

老师说理论上，扔 4 次飞镖的话，大概会有 3 次落在圆里；扔 40 次飞镖，

大概会有31次落在圆里；扔400次飞镖，大概会有314次落在圆里。看，π的影子出来了！这个理论到底对不对呢？我们自己扔飞镖试试看，然后再编程模拟检验一下吧！

二、背景知识

我们做过的刘徽割圆法是估计圆的面积或者周长，跟π的关系是显而易见的，但是打靶子射中圆形的次数为什么跟π有关系呢？

卜老师讲了一个例子，我们一听就明白了：假如正方形的边长是2m，那么面积就是$2\times2=4\text{m}^2$；内切圆的直径是2m，那么面积就是π。

假设我们往这个面积为4m^2的正方形里倒400粒黄豆，摇晃摇晃，让黄豆均匀散开，那么大概会有314粒黄豆在圆里。

这非常好理解：因为圆和正方形的面积之比就是π∶4，所以当黄豆均匀散开时，落在圆内的黄豆数目和落在正方形内的黄豆数目之比也应该是π∶4。这个例子很说明问题：不去算圆的周长或者面积，数黄豆也能估计出π。打靶子命中圆的次数跟这里落在圆内的黄豆数目是一回事。

当然了，得到这个结果的前提是黄豆均匀散开，要是没摇晃均匀，都集中在中间，那就不对了。卜老师说这个方法叫作蒙特卡罗方法，是很有用的算法，我们一定要掌握啊。

三、基本思路

为了找感觉，我们先做了一个“扔飞镖”实验：在一张纸上画圆（半径是10cm）以及外接正方形（边长是20cm），然后向纸上投掷圆珠笔芯，记录命中正方形的次数R，记录命中圆的次数C。看图16-1吧，这就是那千疮百孔的靶子！

我们会发现：当投掷的次数足够多，能覆盖整个区域的时候，$\frac{C}{R}$会接近于“圆的面积 ÷ 正方形的面积”。接下来我们就算一算这两个面积之比到底是多少。因为圆的面积 $C=\pi\times100$，而正方形的面积 $R=400$，所以面积之比 $\frac{C}{R}=\frac{\pi\times100}{400}=\frac{\pi}{4}$。这样我们就得到了 π 的估计值：$\pi=\frac{4\times C}{R}$。

我们 6 位同学，每人手工投掷了 20 次，得到如表 16-1 所示的结果。

表 16-1 "打圆形靶子估计 π"的手工实验结果

实验人	命中圆的次数 ***C***	命中正方形的次数 ***R***	4 × ***C/R***
包若宁	14	20	2.8
卜文远	14	20	2.8
傅鼎荃	15	20	3.0
谭沛之	19	20	3.8
魏文姗	18	20	3.6
张秦汉	17	20	3.4
总　计	97	120	3.23

如果单独看我们每个人的投掷结果的话，估计得出的值虽然在 π 附近，但误差都比较大。把我们所有人的投掷结果放在一起再估计，就得到了估计值 3.23，这就比较接近 3.14 了。

四、编程步骤

（一）背景和角色设计

- 背景：我们在舞台背景上画了一个红色正方形，然后在中间画上一个绿色的内切圆。
- 角色：我们画了一个小圆点，模拟飞镖。

（二）变量设计

- `red`：点落到红色区域的次数。

- green：点落到绿色区域的次数。

（三）过程描述与代码展示

我们重复模拟投掷多次，每次都执行下述操作：

1）飞镖移动到随机位置。

2）判断落点的颜色。

3）如果是红色，将红色计数器 red 增加 1。

4）如果是绿色，将绿色计数器 green 增加 1。

落在正方形区域的次数是 red+green，落在圆形区域的次数是 red，因此可以用 $\frac{4\times \text{red}}{\text{red}+\text{green}}$ 估计 π。这个问题的仿真程序如图 16-2 所示。

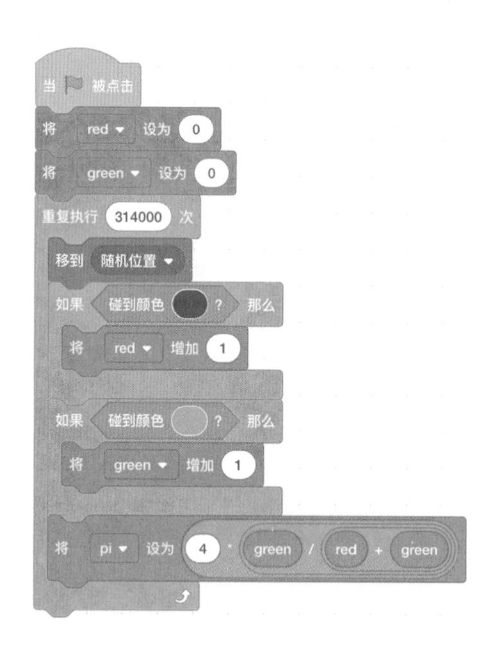

图 16-2 “打圆形靶子估计 π”的仿真程序

五、遇到的 bug 及改正过程

bug：最后计算落到正方形区域内的次数时用了 green。

改正：落到正方形区域的次数是 red+green。

六、实验结果及分析

我们的程序运行结果是图 16-3 中这样的。

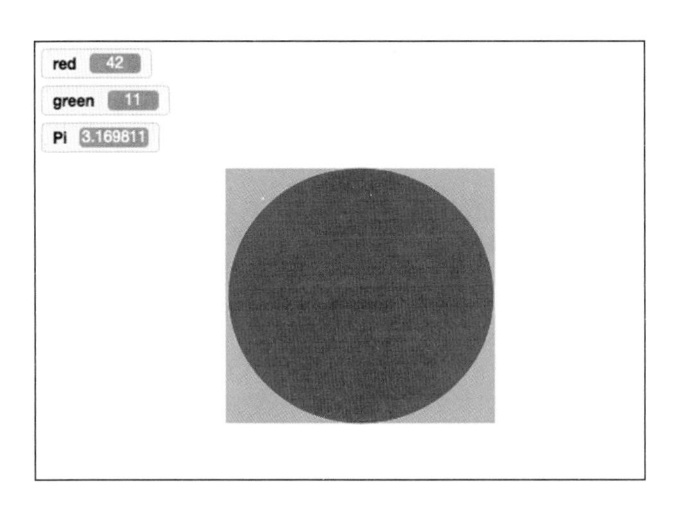

图 16-3　“打圆形靶子估计 π”的仿真程序运行结果

我们多次运行程序，每次的投掷次数不同，得到的 π 的估计值如表 16-2 所示。

表 16-2　估计出的 π 随投掷次数变化的情况

总投掷次数	圆内点数 C	正方形内点数 R	$4*C/R$
100	33	41	3.21
1000	292	375	3.114667
10000	2887	3641	3.171656
100000	29092	37130	3.142533
100000（重复实验）	28826	36633	3.147545

我们能够看出来，投掷次数越多，估计出的 π 越准确。但当次数达到一定规模时，准确率精度增加得很慢，与刘徽割圆法相差很多。卜老师说蒙特卡罗

方法的精度不高的原因很多，比如计算机里的随机数都是伪随机数，不能保证非常均匀，此外，我们用颜色来表示飞镖落在哪个区域，误差比较大。

我们重复了两次投掷100000次的实验，发现得到的估计值一个是3.142533，另一个是3.147545，差异竟然很大！

我们还改变了飞镖的大小，结果放到表16-3中，我们发现大飞镖的误差也很大（见表16-2）。这是因为大的飞镖会很容易落到红色和绿色区域的交界处，检测颜色就不准了。不过用非常小的飞镖也不行，会检测不到颜色，这一点很奇怪，我也没弄明白。卜老师说这应当是Scratch系统的一个缺陷。

表16-3 估计出的值随飞镖大小的变化情况

总投掷次数	4*C/R 角色很大	4*C/R 角色很小	4*C/R 角色很迷你
100000	3.032851	3.142533	0

七、思考与延伸

在背景里画圆，有时候画得不太圆，结果成椭圆了，外接的正方形也变成了一个长方形（见图16-4）。那换成椭圆和长方形，结果有没有变化呢？

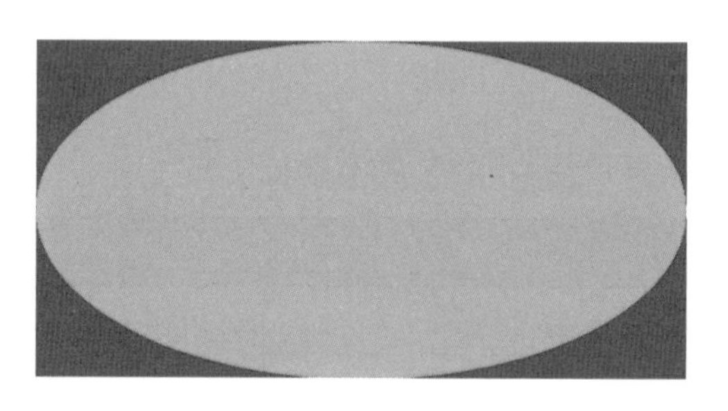

图16-4 “打椭圆形靶子估计π”示意图。椭圆是长方形的内接椭圆

从表16-4中的实验结果来看，椭圆和长方形组合得到的估计值更接近于π的真实值。我们在讲“两颗钉子一根绳画椭圆”时，说过椭圆和圆是一回事。卜老师还提过圆和椭圆的面积和周长计算方法都很像，看来真的是这样啊！

表 16-4 “打椭圆形靶子估计 π” 的实验结果

总投掷次数	4*C/R 椭圆 + 长方形	4*C/R 圆 + 正方形
100	3.149487	3.21
1000	3.019355	3.114667
10000	3.126378	3.171656
10000（第 1 次）	3.140256	3.142533
10000（第 2 次）	3.141674	3.147545

八、教师点评

蒙特卡罗方法是由乌拉姆和冯·诺依曼于 1946 年在美国洛斯·阿拉莫斯实验室造氢弹时提出的。提出这种方法的动机是：造氢弹需要求解的一些问题，比如复杂函数的积分，用传统的“确定性的数学方法”难以求解，乌拉姆想出了“随机模拟仿真”方法，很好地解决了这个问题。

这里说的“确定性的数学方法”是什么？孩子们难以理解。我们举了一个例子来说明：假如给了孩子们一幅中国地图，让孩子们估计中国的国土面积，该怎么办呢？孩子们上四年级了，学过了规则图形的面积计算方法，比如矩形面积就是长乘宽，三角形面积就是底乘高再除以 2，圆的面积是 π 乘以半径的平方。

我们告诉孩子们，这种规则图形的面积计算方法就是“确定性的数学方法”，可是中国地图的边界弯弯曲曲的，这种确定性的方法好是好，可是没法用啊！

那我们就换一种思维方法：把中国地图贴到一个正方形里，向正方形里撒黄豆，数一数正方形里的黄豆数目（或者称一下黄豆的重量），再数一数落到中国区域里的黄豆数目，求出两者之比，再乘以正方形面积，就能够估计出中国的国土面积了。这种方法就是蒙特卡罗方法！

在编程之前，我们先举了“在正方形里撒黄豆”的例子，孩子们很快就能明白，然后孩子们自己动手，用圆珠笔芯当作飞镖，在纸上投掷，得到了感性认识。这样，最后编程就非常容易了！

这一堂课中用到了前面两堂课的知识：

1）孩子们将得到的结果和已经实现过的“刘徽割圆法”进行对比，看看哪种方法估计出的π的精度更高。孩子们对此很感兴趣。

2）把圆换成椭圆，把正方形换成长方形，孩子们发现一样能够进行估计，这验证了“两颗钉子一根绳画椭圆”那堂课中顺便提到的一个知识点：椭圆跟圆很像，面积和周长的计算公式非常像！

用随机现象进行模拟，能够大大降低问题的求解难度，希望孩子们长大后能够想起那张扎得千疮百孔的靶纸，想起这个程序！

第 17 讲

再论随机有威力：布丰投针估计 π

一、实验目的

我们学过了用“刘徽割圆法”估计圆周率，是利用了半径为 1 的圆（称作单位圆）的周长是 2π 这个性质，第 16 讲中又学过了打圆形靶子估计 π，是利用了单位圆的面积等于 π 这个性质。

除了这两种方法，还有一种估计 π 的方法，叫作“布丰投针法”。不过这种方法很奇怪：根本看不到圆，就是在纸上画一些横线，然后扔一根针，数一数针碰线的次数就行了。

我们实际动手在横线笔记本上做了实验：横线之间的间隔是 1cm，我们折了一段长为 1cm 的铅笔芯当作针，投掷到本子上。因为铅笔芯的长度恰好等于线的间隔宽度，因此铅笔芯有时候碰不到线，有时会碰到一根线，但不会碰到两根线。我们扔了 15 次，碰线 10 次；或者说要想碰线 2 次，平均得扔 3 次。我们又重复了一回：扔了 15 次，碰线 9 次，结果很稳定。图 17-1 中左图就是我们做实验时的照片。

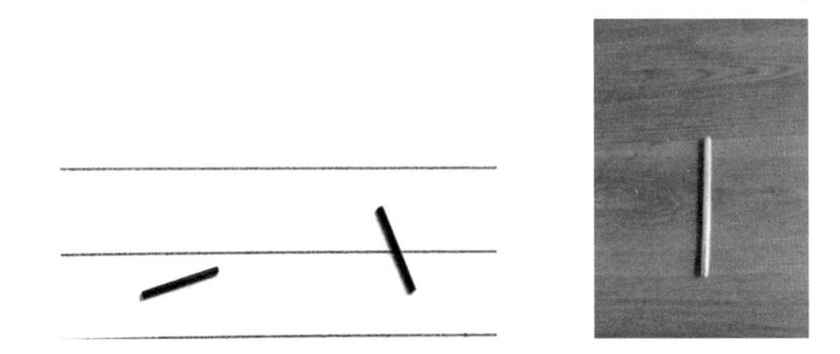

图 17-1　我们重复布丰投针法估计 π 的两次实验。左侧为用铅笔芯在横线笔记本上投掷，右侧为用木棒在地板上投掷

在纸上投掷铅笔芯太不方便了。卜文远家里的木地板有接缝，就锯了一根小木棍，长度等于一块木地板的宽度，然后往地板上扔小木棍（图 17-1 右图）。卜文远一共扔了 60 次，撞线 38 次。

卜老师提醒我们算一算“要想碰线 2 次的话，平均得扔几次小木棍”。我们是这样算的：扔了 60 次碰线 38 次，那么碰线 1 次平均需要扔 $60 \div 38=1.57$ 次小木棍，碰线 2 次平均需要扔 $2 \times 1.57=3.14$ 次小木棍。咦，又看到 π 的影子了！真奇怪，根本没有圆，怎么出来了 π 呢？卜老师在这堂课上揭示了背后的秘密。

不过无论是扔铅笔芯还是扔小木棍，都太累了。我们写个程序模拟一下吧！

二、背景知识

（一）布丰是谁？布丰实验是干什么的？

布丰（Georges-Louis Leclerc, Comte de Buffon）是法国数学家，以“布丰投针”实验闻名于世。我们在网上查了资料：布丰生于 1707 年，和他同一年出生的还有德国大数学家欧拉，以及提出“属 + 种”植物命名法的瑞典植物学家林奈。那一年真是人才辈出啊！

布丰投针实验是这样做的：在纸上画很多条平行线，线之间的距离都等于 1cm，把一根长为 1cm 的针随机投上去，则针碰到线的概率是 $2/\pi \approx 0.63$。

所谓概率，就是“机会”，就是“可能性”。这里的“概率是 $2/\pi$”的意思就是说，要想碰线 2 次，平均得扔 3 次；要想碰线 20 次，平均得扔 31 次；要想碰线 200 次，平均得扔 314 次。

我们也可以变换一下线之间的宽度，比如是 $d$cm，再改变一下针的长度，比如是 $l$cm（针的长度要比线的间距小，即 $1 \leqslant d$），那么针碰到线的概率就是 $\frac{2}{\pi} \times \frac{l}{d}$。

（二）历史上研究者做过的布丰投针实验

布丰投针法，只需要“扔针、记录碰线次数”就能估计出来，所以很受关注。很多人都重复了布丰投针实验（见表 17-1），比如：

- 1850 年，瑞士数学家沃尔夫使用一根长 36mm 的针，线的间距为 45mm，投掷 5000 次，估计出 π≈3.1596。
- 1901 年，意大利人拉泽里尼投掷了 3408 次，估计出 π 的值 3.1415929。

表 17-1　历史上重复过的布丰投针法实验

做实验者	年代	投了几次针	碰线次数	估计出的 π
Wolf	1850 年	5000	2532	3.1596
Smith	1855 年	3204	1218.5	3.1554
C. De Morgan	1860 年	600	382.5	3.137
Fox	1884 年	1030	489	3.1595
Lazzerini	1901 年	3408	1808	3.1415929
Reina	1925 年	2520	859	3.1795

三、基本思路

我们写程序时，先让角色画出很多黑色横线，横线之间的宽度由用户指定，我们把横线的位置（就是高度，或者坐标）记录下来。

投针我们用画一条红色短线来模拟：红色短线的起点是随机选择的，方向也是随机选择的，长度由用户指定。

每次投针我们判断一下红色针是否和一条黑色横线相交，记录下碰线次数。最后我们根据投掷次数和碰线次数进行估算。

四、编程步骤

（一）角色设计

我们用默认的小猫角色就可以。

（二）变量设计

- d：表示横线之间的距离（我们设置 d=20）。
- l：表示针的长度（我们设置 l=10）。
- n：总共投针次数。
- hits：投针碰线的次数。
- （X 起点，Y 起点）：针头的位置。
- （X 终点，Y 终点）：针尾的位置。
- YList：一个列表，记录所有横线的高度。
- i：第几条横线。
- Y：表示一条横线的高度。

（三）过程描述与代码展示

我们把程序分作 3 个积木块：主程序、画横线、投针（见图 17-2）。

（1）画横线积木块

我们从下往上画横线：一开始 Y=-180，然后小猫从左向右移动，画出一条横线，同时把 Y 加到 YList 列表里；接下来把 Y 增加线间距离 d，重复“画线、加入列表”操作，直到 Y=180，也就是到达了屏幕的上方。

（2）投针积木块

我们重复如下步骤 1000 次：先抬笔，移动到一个任意点，记录点的位置（Y 起点，Y 起点）；然后落笔，选择红色，随机选择一个方向走 l 步，记录终点位置（X 终点，Y 终点）；接下来数一数针穿过几条线，就是碰线次数 hits。最后计算 π 的估计值：π≈1000/hits。

（3）怎样数穿过几条线呢？

对于列表里的每一条线，我们都判断一下红色投针是否穿过这条线。至于如何判断针是否经过一条横线，看图 17-3 就一清二楚了。

红色投针穿过横线，那么起点和终点里面肯定一头高、一头低，要是两头都高，就表示红线在横线之上，两头都低，就表示红线在横线之下。

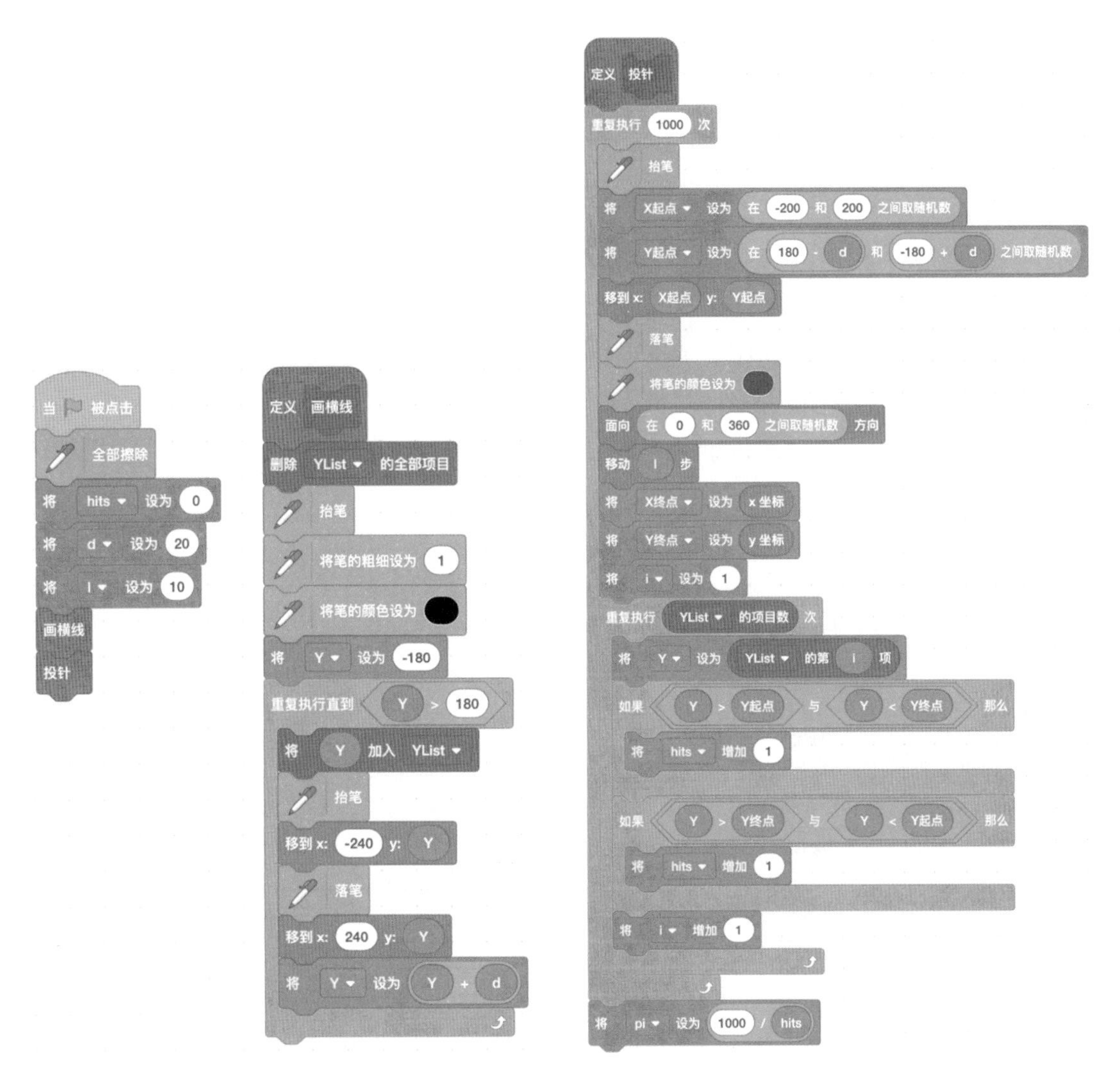

图 17-2　“布丰投针法”仿真程序。左侧为主程序；中间为“画横线”积木块；右侧为“投针”积木块

因为我们知道横线的高度 Y，针头的高度是“Y 起点”，针尾的高度是“Y 终点”，只要“Y 起点大于 Y，并且 Y 终点小于 Y”，或者“Y 终点大于 Y，并且 Y 起点小于 Y”，那么针就一定经过这条横线。

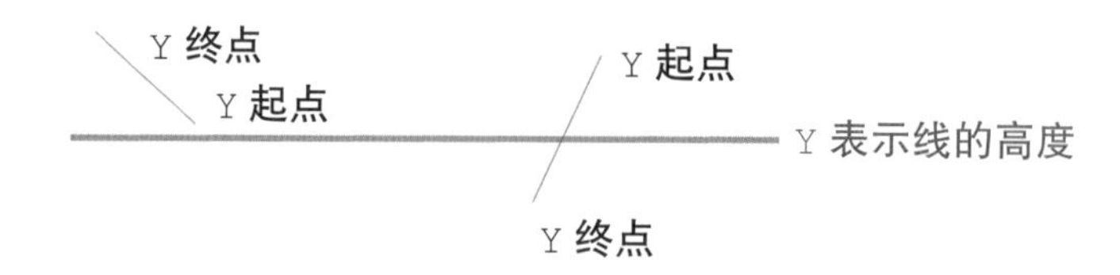

图 17-3　判断针是否碰线的方法。左侧为针未碰横线；右侧为针碰到了横线

五、遇到的 bug 及改正过程

bug：在投针的过程中，起点和角度都是随机的，很容易搞成固定的。例如取针的方向时，如果是固定的，那么所有针都会朝向一个地方，而且 π 也会算不准。

改正：面向 0°～360° 的方向取随机数。

六、实验结果及分析

我们设置横线间距离 d=20，针的长度 l=10，重复了 1000 次投针实验（见图 17-4）。

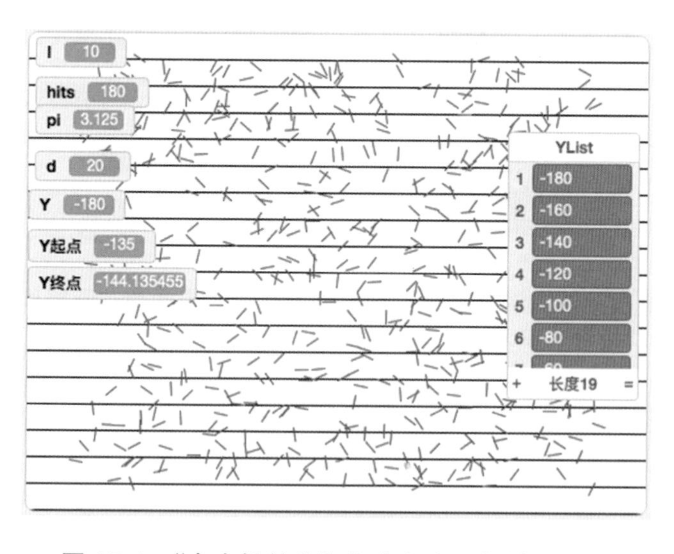

图 17-4　“布丰投针法”仿真程序运行结果示例

我们 5 个人用自己写的仿真程序各投掷了 10000 次，得到了如表 17-2 所示结果。从这个表格中可以看出，布丰投针法也能估计出圆周率，不过精确度没办法和刘徽割圆法相比，小数点后第一位就估得不准确了。

我们写的刘徽割圆法程序能估计到 3.141592653，所以刘徽割圆法堪称完美！古人的智慧真的太让人叹服了！

表 17-2 用“布丰投针法”仿真程序估计出的 π 值

做实验者	年代	投了几次针	碰线次数	估计出的 π
包若宁	2020 年	10000	2954	3.3852
卜文远	2020 年	10000	3094	3.2320
傅鼎荃	2020 年	10000	2931	3.4118
魏文姗	2020 年	10000	2924	3.4199
张秦汉	2020 年	10000	2880	3.4317

七、思考与延伸

这个布丰投针法太奇怪了！就是画了几条线、扔针，为什么平均投掷 3.14 次能碰线 2 次呢？

我们学过用刘徽割圆法和打圆形靶子法估计 π，这两种方法里面都有圆，所以能够算出 π 一点儿都不奇怪。但布丰投针法里只有直线，是怎么得出 π 的呢？

卜老师告诉我们一个名人故事：大科学家冯·诺依曼一看到这个方法，就问圆在哪里，卜老师还说，布丰投针法中根本没有圆，怎么办？那咱们就“硬造”一个圆来试试看！

（一）扔圆环的碰线次数

我们拿一个圆形的钥匙环在纸上扔，纸上画了横线，横线的间距等于钥匙环的直径。图 17-5 中所示是我们做实验时的照片。

图 17-5　用一个“圆形”投针重复“布丰投针实验”的两种情形。左侧为圆形投针和一条横线交于两点；右侧为圆形投针和两条横线各交于一点，共交于两点

从这个图中我们能够看得很清楚：圆环大部分时候都是和一根横线相交，会有 2 个交点；很凑巧的时候是像右侧显示的那样和两根横线相交，不过还是每次都有 2 个交点。

（二）扔“将圆环掰直变成的投针”的碰线次数

扔圆环每次有 2 个交点，这个道理很容易理解。接下来就到了见证奇迹的时刻：我们把圆形钥匙环掰直，弄成一条直的投针，再扔一下试试看。

在扔之前，我们先看看这根投针有多长：横线间距是 20，那么圆环的直径也是 20，周长就是 $3.14 \times 20=62.8$，因此这根“由圆环取直变成的投针”的长度是 62.8。

因为这根投针的长度远远超过横线的间距，所以会出现 4 种情况：投针和横线不相交、有 1 个交点、有 2 个交点、有 3 个交点。图 17-6 中是我们做实验时候拍的照片。显示了 4 种情况，从左至右依次为投针与横线不相交、与一条横线相交、与两条横线相交、与三条横线相交。

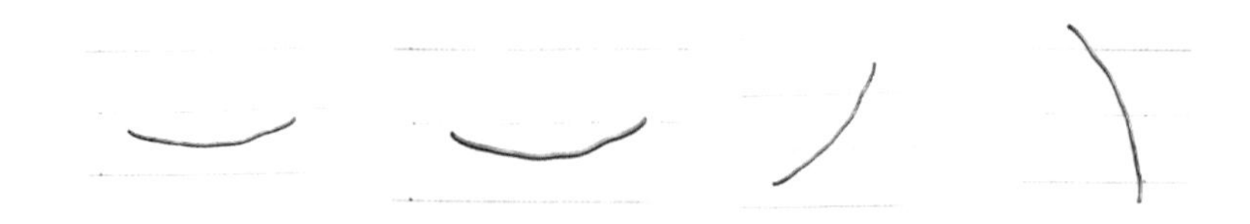

图 17-6　用将圆环掰直得到的投针进行实验的 4 种情况

卜文远拿这根掰直的投针做实验，扔了 27 次，共碰线 56 次，平均来说每

扔 1 次，和横线相交 56 ÷ 27=2.074 次，非常接近于“圆环每次投掷相交 2 次”。

这意味着什么呢？意味着投针是圆的还是直的，不影响相交次数！细心的同学还能够看出来：这根投针不太直，因为钥匙环太硬了，实在掰不直！这也说明了形状不影响相交次数！

（三）拐拐弯针的碰线次数

为了彻底弄清楚“弯针会不会影响碰线次数”，卜老师让我们把程序改了改：画出一根拐弯针来！我们是这样做的：先走 5 步，到达中间点（X 中间点，Y 中间点），拐一个直角弯后再走 5 步，这样拐弯针的总长度和直针一样还是 10，只是形状变了（见图 17-7）。

拐弯针可能会两次穿过一条线，那么怎么判断呢？不用着急，我们可以先判断第一段是否穿过横线，再判断第二段是否穿过横线。我们只需要稍微改动一下脚本（见图 17-8）。完整的程序请参见本书附带的软件包。

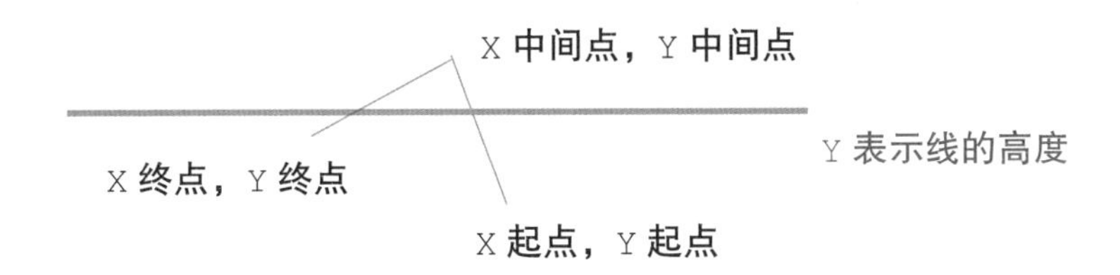

图 17-7　用一根拐弯投针投掷，会出现 2 次碰到同一条横线的情况

如表 17-3 所示是用拐弯针投掷的结果。我们能够看出来，拐弯针和直针碰线次数差不多，看来针的形状不影响对 π 的估计。

表 17-3　用拐弯投针重复“布丰投针法”估计出的 π 值

做实验者	年代	投了几次针	碰线次数	估计出的 π
包若宁	2020 年	10000	2819	3.5473
卜文远	2020 年	10000	3040	3.2894
傅鼎荃	2020 年	10000	2666	3.7509
张秦汉	2020 年	10000	3116	3.2092

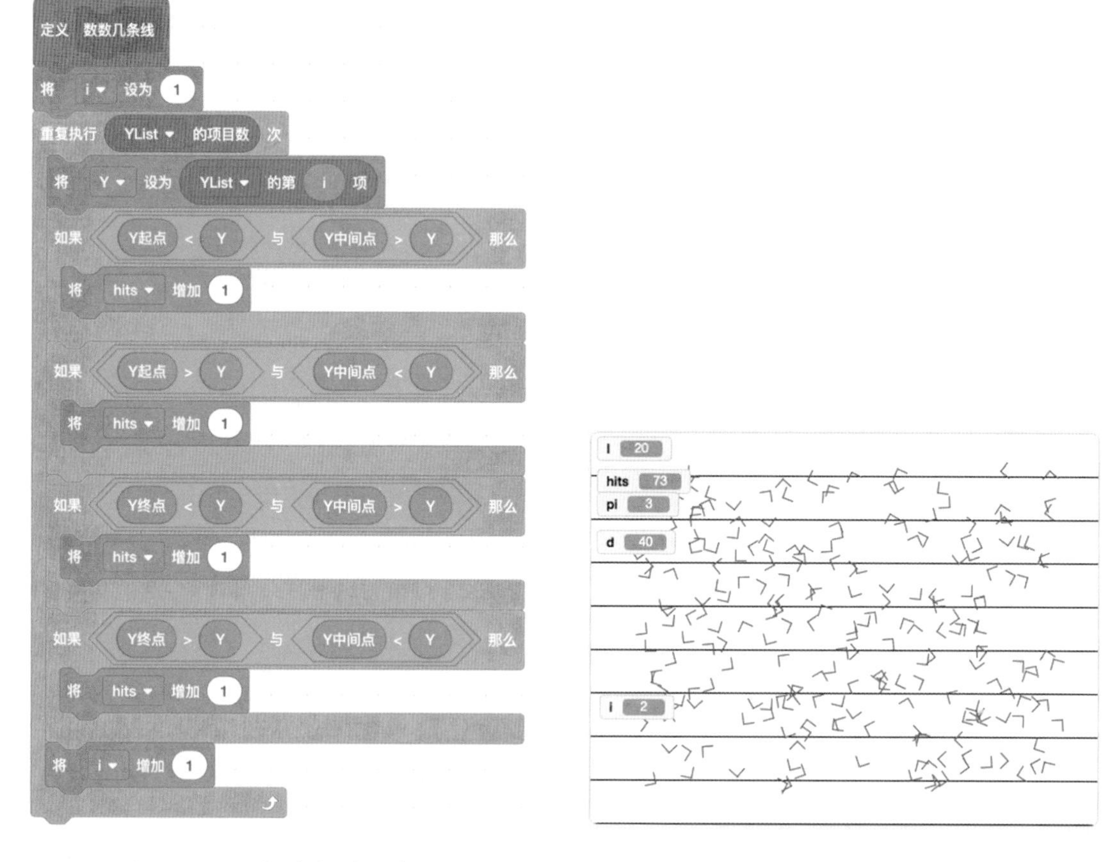

图 17-8　用拐弯投针重复“布丰投针法”的仿真程序（左）和运行结果（右）

（四）比较一下长针和短针的碰线次数

刚才我们看到用弯针和用直针的结果差不多，用长的针又会怎样呢？

我们改变针的长度，重新运行程序，这次是扔了 1000 次，结果放在表 17-4 中。我们发现：当针的长度 l=10 时，碰线 299 次；当 l=20 时，碰线 590 次；当 l=30 时，碰线 892 次。看来针的长度每增加 10，碰线次数就会增加大约 300 次。针越长，碰线次数越多啊！

表 17-4　“布丰投针法”针碰线次数随针的长度变化的情况

针的长度 l	碰线次数
10	299
20	590
30	892
40	1217
50	1565
60	1838
63	1929

（五）布丰投针能算 π 的终极解释

卜老师带领我们总结了这 4 步实验，我们终于明白了为何用长度等于 20 的针（和横线间距离相等），要碰线 2 次的话，大概得扔 3.14 次了。

1）用直径是 20 的圆环每扔 1 次，碰线 2 次。

2）把圆环掰直，做成一根长为 62.8 的针，每扔 1 次，碰线大约 2 次。

3）把针变短，变成长为 20 的针，则每扔 1 次，碰线大约 $2\times\frac{20}{62.8}=\frac{2}{3.14}$ 次（按比例缩小）。反过来说，要想碰线 2 次，得扔 3.14 次。

4）把针再变短，变成长为 10 的针，则每扔 1 次，碰线大约 $2\times\frac{10}{62.8}=\frac{1}{3.14}$ 次（按比例缩小）。反过来说，要想碰线 1 次，得扔 3.14 次。

我们终于明白了布丰投针法为什么能估计 π 的值了！

看来冯·诺依曼说的是对的：每当 π 出现时，后面总是会有一个圆。这里的圆就是直径等于横线间距离的钥匙环啊！

八、教师点评

布丰投针法是一个初看起来很奇怪的方法：只有横线没有圆，竟然能够估算 π。

为了让孩子们能够理解，我们没有一上来就写程序，而是先动手做了一些实验：用铅笔芯在横线本上扔，用小木棍往木地板上扔，以及用圆形的钥匙环往横线本上扔。孩子们对这些实验很感兴趣，并且这很有助于发现和理解规律。

在做完这些实验之后，有了直观认识，我们才带着孩子们开始写程序，验证布丰投针法。孩子们自己分析实验结果，傅鼎荃小朋友很有感慨：布丰投针法的精度不如打圆形靶子的方法，更不如刘徽割圆法！

我们花了整整两堂课的时间才讲清楚为什么布丰投针法能够估计 π，这一讲很有挑战性！

第 18 讲

玩游戏体会“递归法”：河内塔游戏

一、实验目的

我们在玩具店里会看到一款叫“河内塔”的玩具：有 A, B, C 三根柱子，每根柱子上都穿着一些盘子（见图 18-1）。游戏的目的是让我们把 A 柱子上的所有盘子挪到 C 柱子上，但要求是：

1）每次只能挪一个盘子。

2）可以把盘子临时放到 B 柱子上。

3）始终得保持小盘子在大盘子上方，不能把一个大盘子放到小盘子上面。

今天我们就写一个程序，把挪盘子的过程给算出来。这个程序里要用到一种特殊的积木块，叫作“递归积木块”，就是自己调用自己的积木块。这有一点挑战性哦，我们开始吧！

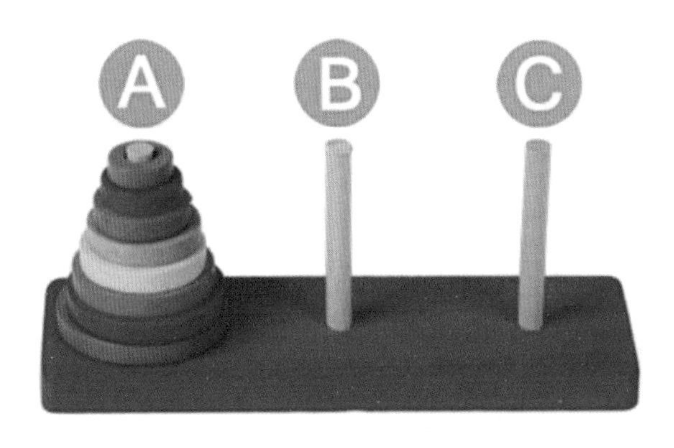

图 18-1 河内塔游戏玩具

二、背景知识

（一）河内塔的故事

法国数学家爱德华·卢卡斯曾讲述过这样一个故事：相传越南首都河内的一个寺庙里有一块黄铜板，上面插着三根宝石针。主神在创造世界的时候，在其中一根针上穿了 64 个金盘子。这些盘子小的在上面，大的在下面，像个宝塔，称为“河内塔”(有的书上音译为“汉诺塔”)。

寺庙里的僧侣不分白天黑夜地移动这些金盘子：一次只移动一个盘子；不管在哪根针上，大盘子不能在小盘子上面。

（二）什么是递归积木块？

我们在写积木块时，积木块里面可以调用别的积木块。那如果这个积木块自己调用自己，会发生什么情况呢？包老师告诉我们：如果一个积木块调用自己的话，就是**递归**。

自己调用自己？这听起来有点绕，我举两个例子你就明白了。先看这段话：

森林里有一朵红玫瑰和一朵白玫瑰。一天，红玫瑰给白玫瑰讲故事，讲的是：“森林里有一朵红玫瑰和一朵白玫瑰。一天，红玫瑰给白玫瑰讲故事。讲的是：‘森林里有一朵红玫瑰和一朵白玫瑰。一天，红玫瑰给白玫瑰讲故事。讲的是：……’”

再看图 18-2。这幅图中左侧是一个盒子，盒子里是一个侍女端着一个盒子，那个盒子里还是那个侍女端着一个盒子……还有俄罗斯套娃，一个套着一个。现在你懂什么是递归了吧？

（三）递归积木块是怎样执行的？

在第 7 讲里，我们说过积木块的调用过程就是一个三部曲：把积木块下的指令复制一份，粘贴过来，如果有参数的话，还得把指令里的形式参数都替换成实际参数。

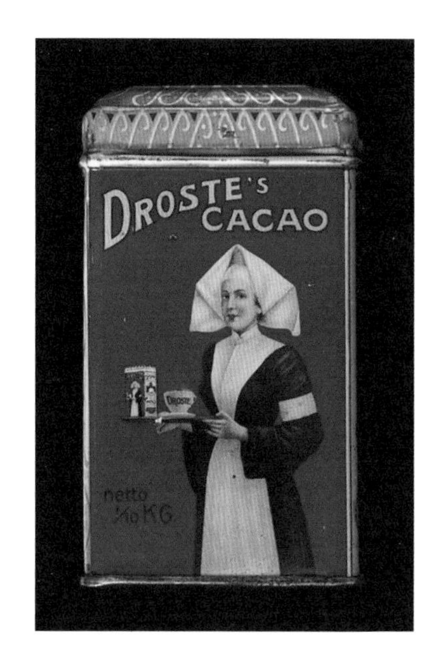

图 18-2　递归的两个类比

那递归积木块呢？对递归积木块 A 来说，把指令粘贴过来，我们会发现里面还有 A 积木块，这样就一个套一个，很像俄罗斯套娃。当然了，我们不能这样没完没了地套下去，真的这样的话计算机就会陷入死循环，最后死机。

就像俄罗斯套娃总有最小的一个一样，递归积木块也得有个终止，一般是通过加判断条件来完成的，一会儿看一个例子你就明白了。

三、基本思路

卜老师一直叮嘱我们做事情要从最简单的情况开始思考，这次也一样：有 64 个盘子的河内塔对我们来说太难了，我们不会玩儿，于是我们先考虑 1 个盘子，再考虑 2 个盘子，然后是 3 个盘子，这样逐渐增加。

（一）最简单的情形：1 个盘子

这种情形下直接把盘子从 A 挪到 C 就行了，如图 18-3 所示。

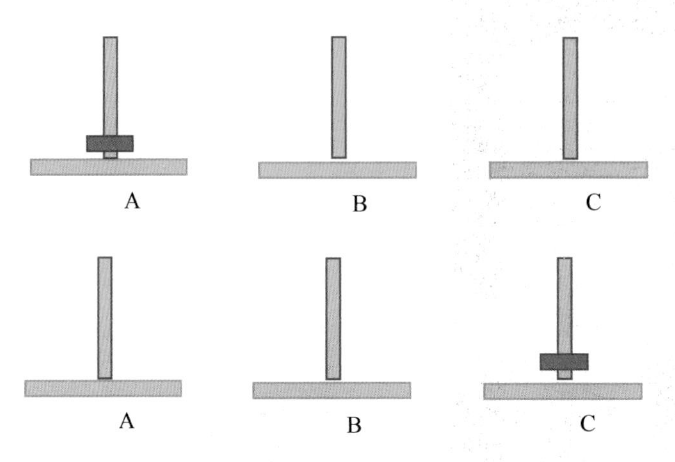

图 18-3　有 1 个盘子的河内塔的盘子移动过程

（二）比较简单的情形：2 个盘子

我们先看最大的那个绿色盘子：最终我们需要把这个绿色盘子从 A 挪到 C，但是绿色盘子上面有一个蓝色盘子，所以我们得先把蓝色盘子挪到别的地方才能挪绿色盘子。

那这个“别的地方”是哪里呢？想一想就能明白，肯定不能是 C 柱子（否则把蓝色盘子放到 C 柱子之后，上面就无法放大号的绿色盘子了），那只能是 B 柱子了，所以步骤就是：先把蓝色盘子从 A 挪到 B，然后把绿色盘子从 A 挪到 C，最后把蓝色盘子从 B 挪到 C（见图 18-4）。

（三）难一点的情形：3 个盘子

还是先看最下面的红色盘子。因为最终情形是红色盘子在 C 柱子上，要想把红色盘子从 A 挪到 C，得先把上面的两个盘子从 A 挪到 B 才行。

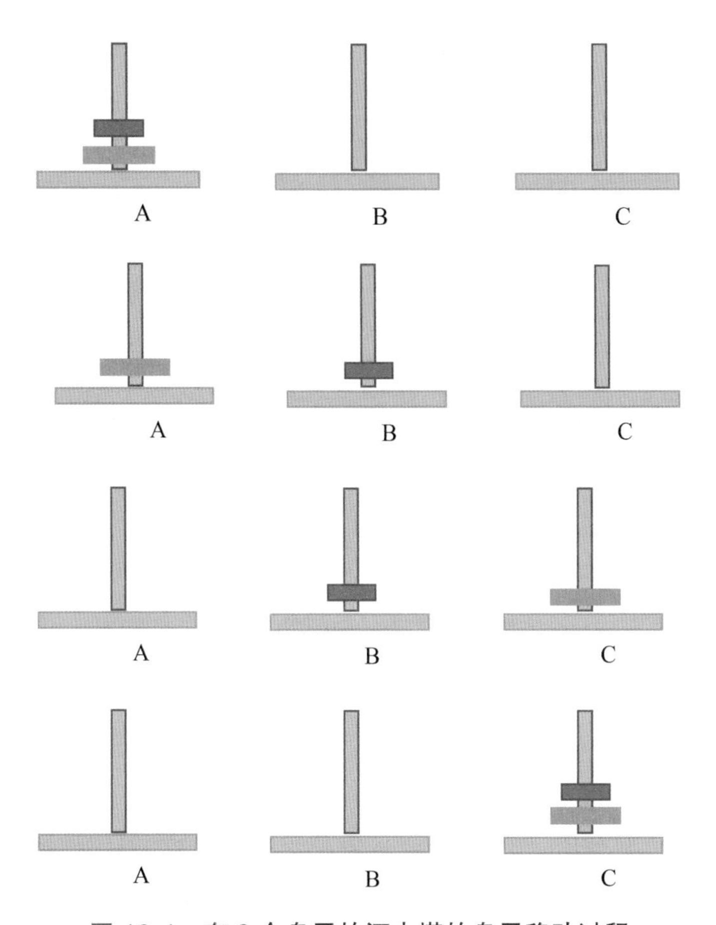

图 18-4　有 2 个盘子的河内塔的盘子移动过程

这个好办啊。挪两个盘子我们刚刚会做了。好，就按刚才的步骤来吧（见图 18-5）。

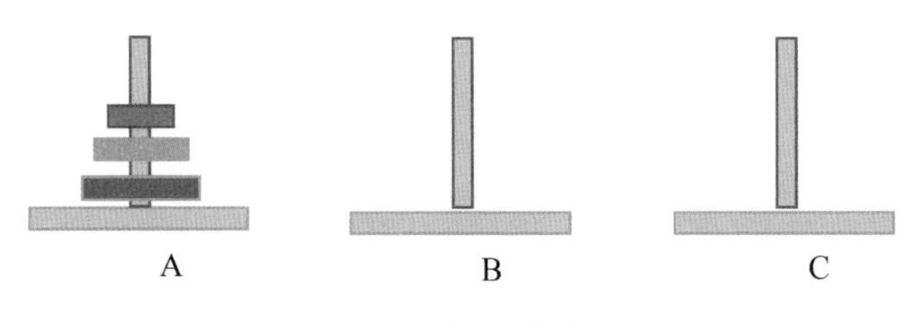

图 18-5　挪两个盘子

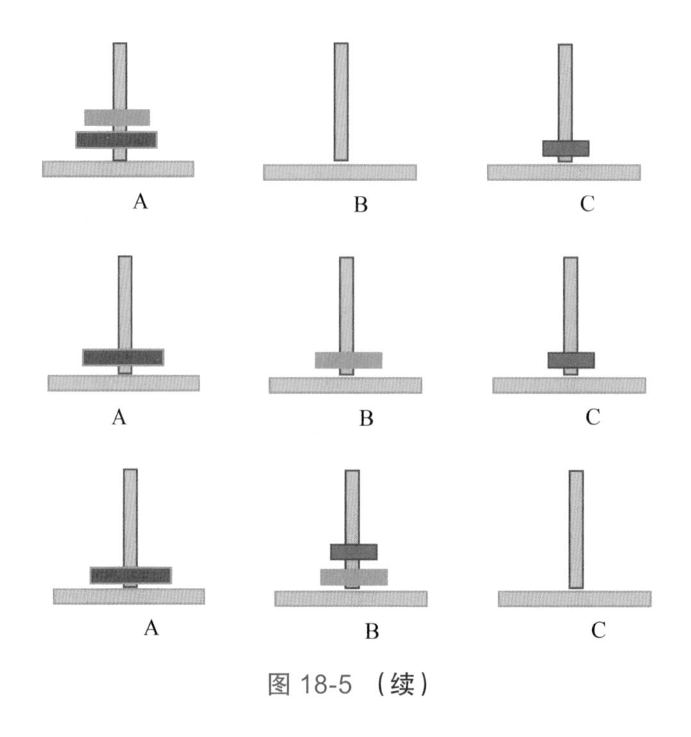

图 18-5 （续）

现在红色盘子上面什么都没有了，可以从 A 挪到 C 了（见图 18-6）。

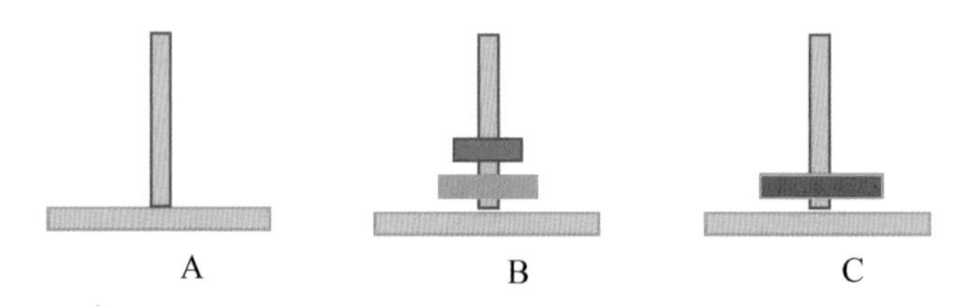

图 18-6 将红色盘子从 A 挪到 C

那剩下的任务呢？就是要把绿色和蓝色的两个盘子从 B 挪到 C。又是两个盘子，我们会做啊，直接照搬上面的步骤就行了（见图 18-7）。

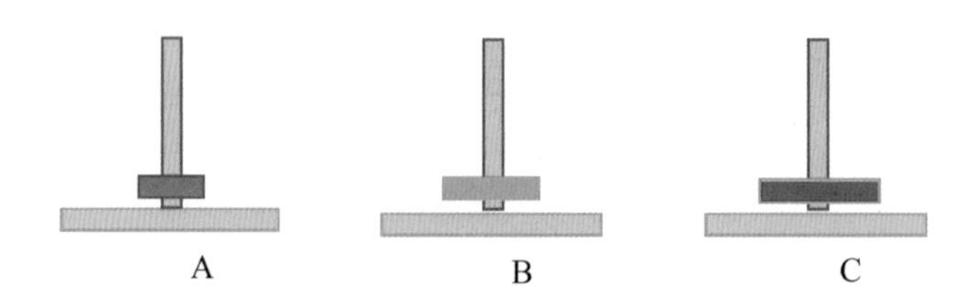

图 18-7 将绿色和蓝色盘子从 B 挪到 C

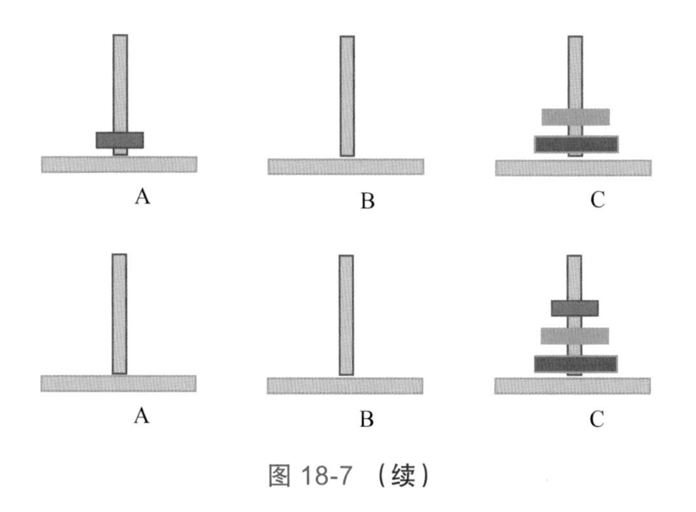

图 18-7 （续）

好，大功告成！总结一下这个完整的过程，我们不过是先考虑最大的盘子怎么办，然后把移动 3 个盘子分成了分 2 次移动 2 个盘子。

（四）再难一点的情形：4 个盘子

4 个盘子也一样：先考虑最大的盘子，然后把 4 个盘子的移动分解成两次 3 个盘子的移动。5 个盘子、6 个盘子等都可以以此类推！

四、编程步骤

（一）角色设计

只需要一个角色，我们可以自选。我选的是一个小和尚。

（二）变量设计

- 盘子数。
- 移动步骤：是一个列表，记录到底是怎样移动盘子的。

（三）过程描述与代码展示

这里的关键就是一个递归的积木块，也就是“移动河内塔”积木块（见图 18-8）。这个积木块的功能是把 n 个盘子，从“原来的柱子”移动到“目标柱子”，可以把盘子临时放到“可以临时放盘子的柱子”上。

那么这个积木块怎么完成这个功能呢？按照我们刚才的基本思路就可以了，即：

- 如果只有一个盘子，即 $n=1$，那很简单，直接移动过去就可以了。
- 如果多于一个盘子，即 $n>1$，那还是个三部曲：先把上面的 $n-1$ 个盘子从原始柱子移动到临时柱子上，然后把最大的盘子移动到目标柱子上，再把那 $n-1$ 个盘子从临时柱子移动到目标柱子上。

主程序只要调用“移动河内塔”积木块就行了（见图 18-8）。

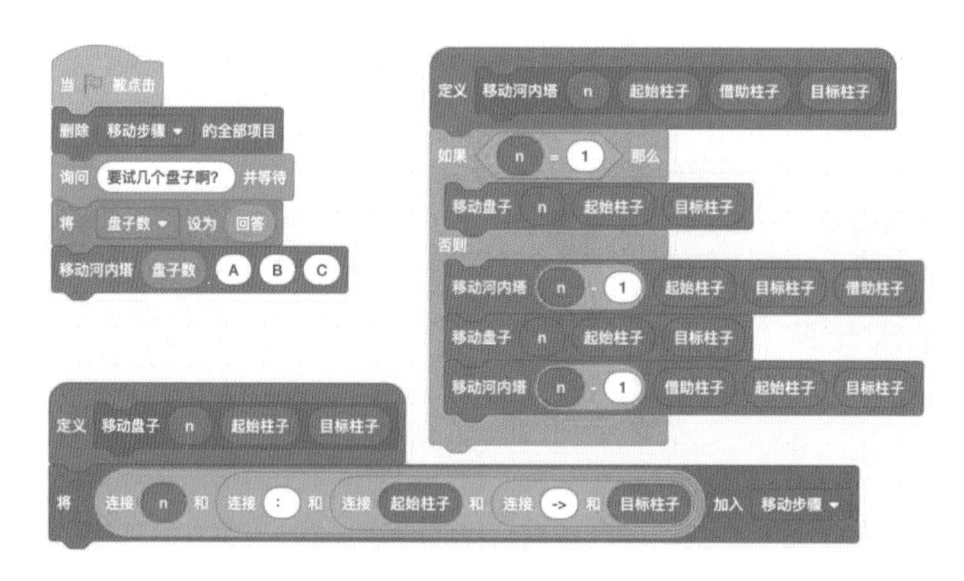

图 18-8　会玩儿河内塔游戏的程序

五、遇到的 bug 及改正过程

bug1：结果列表前面算的是对的，但是后面保留着上一次的结果。

改正：忘清空列表了，导致列表里的内容越来越多。

bug2：定义积木块的时候应该用形式参数定义，积木块内部还得用形式参数。我在定义“移动河内塔”积木块内部时使用的是实际参数，虽然实际参数和形式参数链接上了，但由于没有控制形参，因此递归无法启动。

改正：定义积木块时，用的一定是形式参数。

bug3：这简直是最大的 bug。“移动河内塔”是一个递归积木块，我忘了写“如果 n=1”这个判断了，导致程序无休无止地运行。

改正：递归积木块中一定要写上“最简单的情形”如何处理。

六、实验结果及分析

图 18-9 中是我的程序打印出来的 3 个盘子的移动步骤，很棒吧！

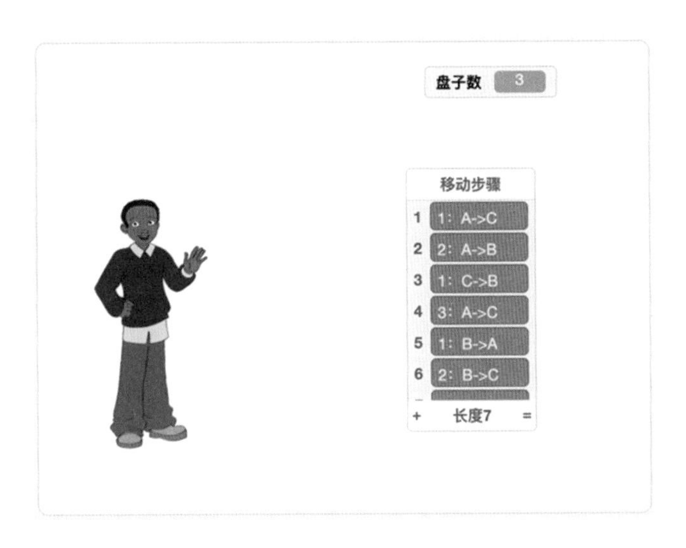

图 18-9　会玩儿河内塔游戏的程序运行结果示例

（一）输入不同的 *n*，验证移动次数

我输入少一点的盘子数，程序算出来的结果和我自己手工移动的结果是相同的。的确是 1 个盘子需要 1 步，2 个盘子需要 3 步，3 个盘子需要 7 步（见

图 18-10），移动几个盘子，需要移动的步数就是 2 的几次方减去 1。

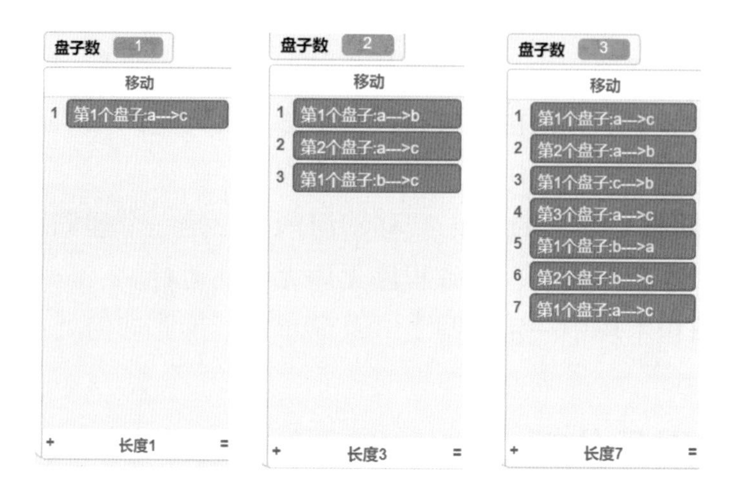

图 18-10　**盘子移动次数和盘子数目之间的关系**

（二）要是有 64 个盘子呢？

我输入 n=64，结果程序一直在运行，晚上还没有结束，我还是关机吧。

七、思考与延伸

如果有 A，B，C，D 共 4 个柱子以及 64 个盘子，那么把盘子全部从 A 柱子移到 D 柱子，最少需要移动多少次？

八、教师点评

河内塔是经典游戏，是用来说明“递归”过程的好例子。

在讲解这个问题的时候，我们还是重点强调“从最简单的做起”，把挪 3 个盘子的任务分解成两次挪 2 个盘子的任务，这样孩子们就很容易掌握了。

第 19 讲

“递归法”的应用：斐波那契数列与黄金分割

一、实验目的

我们来看一个有趣的故事：设想在今年 1 月 1 日，有人送给你一对刚出生的小兔子；兔子生长得很快，这里假设一个月后兔子就成年，能够生小兔子了；一对成年兔子每个月会生下一对新兔子。请问到 12 月 1 日，你家里有多少对兔子？

这个问题很简单。我画了一幅兔子繁衍图（见图 19-1），你一看就明白了：

1）1 月 1 日有 1 对新生兔子。

2）到了 2 月 1 日，这对兔子成年了，生下一对小兔子，所以共有 2 对兔子。

3）到了 3 月 1 日，这 2 对兔子（不管是已成年的兔子，还是新生兔）都长了一个月，都是成年兔了，所以会各自生下一对小兔子，这样我们就有 4 对兔子。

4）类似地，到 4 月 1 日，这 4 对兔子会生下 4 对小兔子，这样共有 8 对兔子。

咱们按月份把兔子的数目列出来，就是 1，2，4，8，……，每个月的数量都是上一个月的两倍（老师说这样的数列叫作“等比数列”，就是后一个数和前一个数之间的比例始终相等）。按照这个规律，到了 12 月 1 日，会有 2048 对兔子。

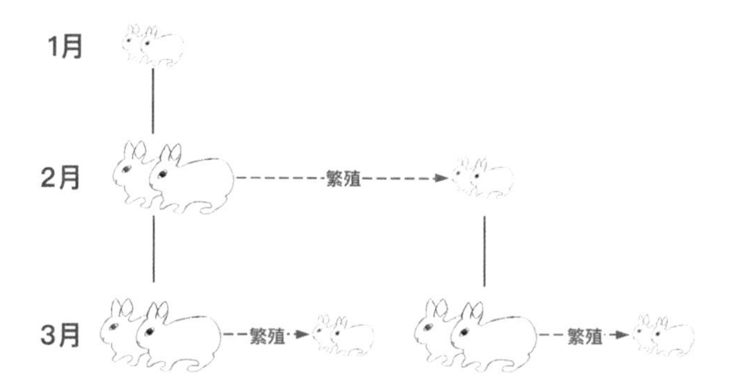

图 19-1 “一个月就成年”的兔子繁殖过程。图中蓝线表示兔子的成长，红色箭头表示生小兔子

斐波那契把这个生小兔的问题改了一下：新生兔子不是一个月后就成年，而是两个月后才成年；成年之后，还是每个月都会生下一对小兔子。问题还是一样的：到 12 月 1 日，你家里会有多少对兔子呢？

这个问题可就难了：直观地想，和一个月就成年的兔子比起来，两个月才能成年的兔子肯定繁衍得慢。不过怎样才能算出兔子的具体数目呢？没关系，咱们还是画兔子繁衍图吧，如图 19-2 所示。

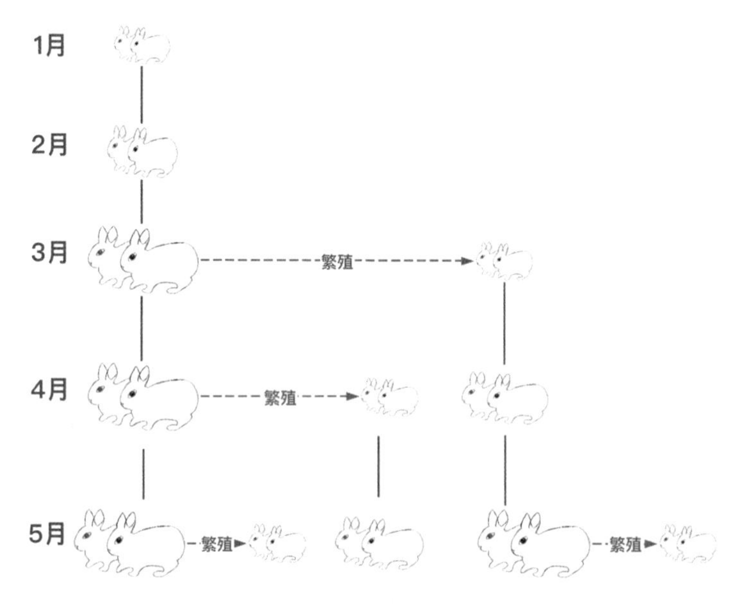

图 19-2 斐波那契的“两个月才成年的兔子”繁殖过程。图中蓝线表示兔子的成长，红色箭头表示生小兔子

1）1 月 1 日只有 1 对新生兔子。

2）到了 2 月 1 日，这对兔子长大成“少年兔子”，不过还未成年，没有生小兔子，所以还是只有 1 对兔子。

3）到了 3 月 1 日，这对兔子成年了，生了一对兔子，所以共有 2 对兔子。

4）到了 4 月 1 日，最老的那对兔子又生了一对兔子，但是 3 月出生的那对兔子只是长大成“少年兔子”，没有生小兔子，所以共有 3 对兔子。

5）到了 5 月 1 日，最老的那对兔子又生了一对兔子，4 月出生的那对兔子长大成“少年兔子”，但是没有生小兔子，3 月出生的那对兔子成年了，生了一对小兔子，所以共有 5 对兔子。

这些兔子数目的数列 1, 1, 2, 3, 5, …叫作“兔子序列”，也叫作“斐波那契数列”。我们编程来算一下这个数列吧！

二、背景知识

（一）斐波那契是谁？什么是斐波那契数列？

斐波那契（Leonardo Fibonacci）是意大利数学家，1175 年出生在一个富商家庭。我查了一下，1175 年是中国的南宋时期，斐波那契和辛弃疾可以算是同一个年代的人。当时欧洲的商人为做生意而四处旅行，曾到过西西里、埃及和叙利亚，因此接触到阿拉伯数字及“位值记数法”。（我们在辅助材料中“进制转换”那一讲里，会详细讲解位值记数法。）

斐波那契发现十进制记数系统比罗马数字更利于计算，从而将阿拉伯数字和位值记数法引入欧洲，替代了罗马数字。

他在 1202 年的著作《计算之书》中提出了“生小兔问题”，引发出了一个充满奇趣的斐波那契数列。斐波那契数列与黄金分割、杨辉三角等数学规律有关，还和植物生长等自然现象有关。卜老师还告诉我们，著名的数学家华罗庚在“优选法”中也使用了斐波那契数列。

（二）什么是黄金分割？

黄金分割是长方形的一种分割方法，如图 19-3 所示，把一个长为 1.618、宽为 1 的长方形，分割成一个边长为 1 的正方形（蓝色）和一个长为 1、宽为 0.618 的小长方形（红色）。

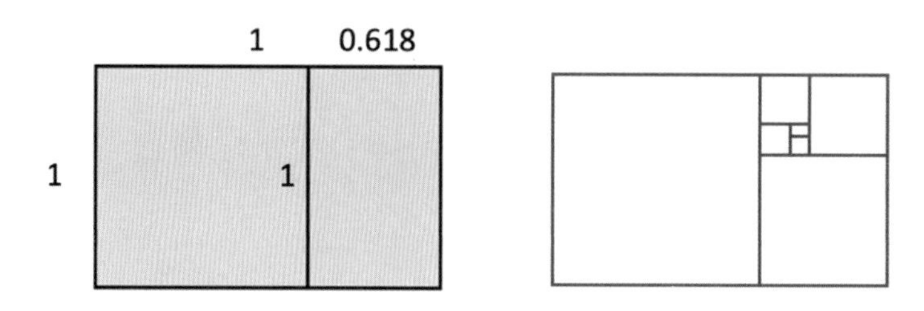

图 19-3　黄金分割示意图。左侧为一次黄金分割，右侧为多次黄金分割

我们会发现，红色小长方形和原来的大长方形的形状是一样的，也就是说，长和宽的比例是一样的：

- 大正方形的长宽比是 1.618/1。
- 小长方形的长宽比是 1/0.618≈1.618/1。

为什么大正方形和小正方形的形状一样那么重要呢？因为这意味着我们可以把红色小长方形类似地进行分割，再分割成一个小正方形和更小的长方形，这个更小的长方形还能继续分割下去，无穷无尽，形成了图 19-3 右侧所示的形状。

人们把这种分割叫作“黄金分割”，以表示这个分割非常难得；这个比值 1.618 称为“黄金分割比”。我在网络上查到了一些资料：古希腊几何之父欧几里得在其著作《几何原本》中就记录了黄金分割；开普勒等人还把黄金分割跟宗教联系到一起。

（三）斐波那契数列和黄金分割有何联系？

斐波那契数列和黄金分割比有什么关系呢？原来斐波那契数列里后一项和

前一项的比值越来越接近 1.618。我们先手工算一算看：

- 第 2 项比第 1 项：1/1=1
- 第 3 项比第 2 项：2/1=1
- 第 4 项比第 3 项：3/2=1.5
- 第 5 项比第 4 项：5/3=1.666
- 第 6 项比第 5 项：8/5=1.600

你看，越来越接近 1.618 吧？卜老师告诉我们，这个数跟圆周率π一样，也是一个非常有名的数，有名到人们给了这个数一个专属的符号，是 Ø=1.6180339887…，也是一个无穷无尽的无理数。

三、基本思路

我们先把题目中的兔子分一分类：

- 新生兔：刚刚出生、不足 1 个月大的兔子叫作“新生兔”。
- 少年兔：满了一个月，但是不到两个月大的兔子叫作“少年兔”。
- 成年兔：大于两个月的兔子叫作“成年兔”，成年兔可以生小兔子。

这样只需要算出每个月新生兔、少年兔、成年兔的对数，加起来就是这个月的兔子总数了。我们用列表表示每个月的兔子数目：

- 列表 A：记录新生兔子对数，其中 A_1 表示 1 月份新生兔子的对数，A_2 表示 2 月份新生兔子的对数，其他 A_3, A_4 等依次类推。
- 列表 B：记录少年兔子的对数，其中 B_1 表示 1 月份的少年兔子对数，B_2 表示 2 月份的少年兔子对数，其他 B_3, B_4 等依次类推。
- 列表 C：记录成年兔子的对数，其中 C_1 表示 1 月份的成年兔子对数，C_2 表示 2 月份的少年兔子对数，其他 C_3, C_4 等依次类推。
- 列表 S：记录兔子总数，其中 S_1 表示 1 月的兔子总数，S_2 表示 2 月份的兔子总数，其他 S_3, S_4 等依次类推。

我们手工计算出前 5 个月的兔子数（见表 19-1），具体计算过程如下：

- 成年兔子对数 C 的计算方法：上月的成年兔到这个月还是成年兔；上

月的少年兔到了这个月就成了成年兔，因此，本月成年兔的对数等于上个月的成年兔与少年兔的对数之和。比如2月份的成年兔对数 $C_2=B_1+C_1=0$，3月份的成年兔对数 $C_3=B_2+C_2=1$。

- 新生兔对数 A 的计算方法：本月的一对成年兔能够生一对小兔子，因此本月的新生兔对数就是成年兔的对数。比如2月的新生兔对数 $A_2=C_2=0$，3月的新生兔对数 $A_3=C_3=1$。
- 少年兔子对数 B 的计算方法：上个月的新生兔到了本月，就长大成少年兔，因此，少年兔的对数就是上个月的新生兔对数。比如2月的少年兔对数 $B_2=A_1=1$，3月的少年兔对数 $B_3=A_2=0$。

了解了这些规律，我们就好写程序了。

表19-1　斐波那契数列的兔子分类及对数

月份	新生兔对数 A	少年兔对数 B	成年兔对数 C	兔子总对数 S
1	1	0	0	1
2	0	1	0	1
3	1	0	1	2
4	1	1	1	3
5	2	1	2	5

四、编程步骤

（一）角色设计

这里只需要一个角色，我选择了Ruby。

（二）变量设计

- 列表 A：记录每个月的新生兔对数。
- 列表 B：记录每个月的少年兔对数。

- 列表 C：记录每个月的成年兔对数。
- 列表 S：记录每个月的兔子总对数。
- 列表“两月兔子数之比”：保存相邻两个月的兔子数目之比。

（三）过程描述与代码展示

按照基本思路里所说的，我们要算某个月份的兔子总数，只需要计算出这个月份的新生兔子数目以及成年兔子数目就可以了，相应的程序如图 19-4 所示。

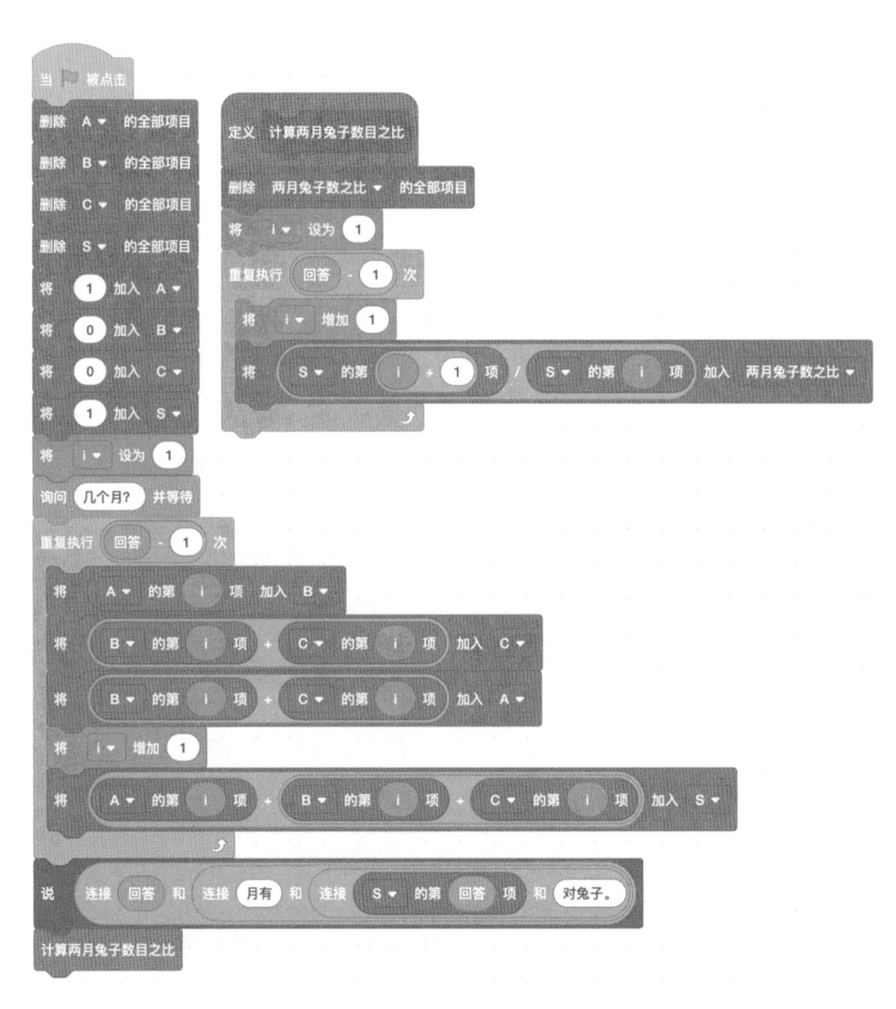

图 19-4　计算斐波那契兔子数目的程序

五、实验结果及分析

我算了 10 个月的兔子数目，分别是 1 月 1 对、2 月 1 对、3 月 2 对、4 月 3 对、5 月 5 对、6 月 8 对、7 月 13 对、8 月 21 对、9 月 34 对、10 月 55 对；相邻月份兔子数目之比从 2，1.5，1.66，1.60，1.625，1.615，1.619 变到 1.617，越来越接近 1.618（见图 19-5 左图）。

换句话说，即使斐波那契把兔子的成年期改成两个月，兔子数目依然接近一个等比数列，虽然不再是每月增长 2 倍，但依然增长得很快。

六、思考与延伸

改变 1 月份的兔子数，会影响相邻两个月的兔子数目之比吗？老师告诉我们：黄金分割比非常稳定，跟一开始的兔子数目关系不大。

为了验证这一点，我修改了一下程序，把 1 月的新生兔子设成 1 对，成年兔子设成 4 对，发现相邻两月的兔子数目之比还是越来越接近 1.618（见图 19-5 右图），真的跟一开始有几只兔子没关系啊！

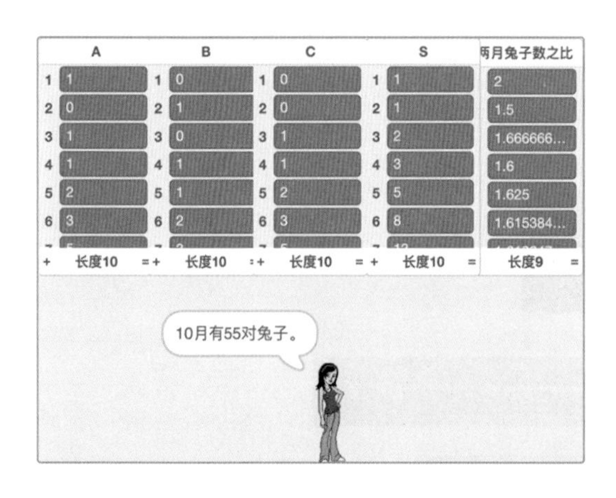

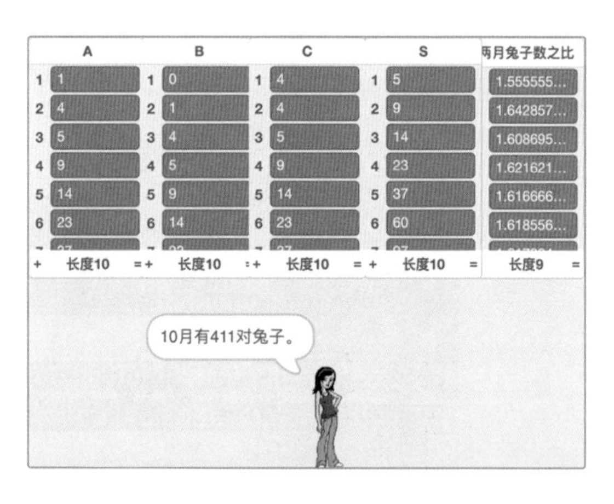

图 19-5　计算斐波那契兔子数目的程序运行结果。左侧是初始值是 1 月仅有 1 对新生兔；右侧是初始值是 1 月有 1 对新生兔、4 对成年兔子

七、教师点评

斐波那契数列是非常重要的序列，能够串起很多知识点，比如递归关系、产生函数、黄金分割、优化算法等。

传统的讲法是直接讲"两个月成年"的兔子，不过这样不好扩展，也不容易认清斐波那契数列的关键。我们没有采用传统的讲法，而是从"一个月就成年"的兔子讲起，这样的兔子数目逐月增长 2 倍，孩子们特别容易理解；然后再讲斐波那契的"两个月才成年"的兔子，才能让孩子们更清楚地理解斐波那契的用意，还能将思路扩展到"三个月才成年"的兔子的问题。

（一）如果兔子要 3 个月才成年呢？

在这一讲的一开头，我们讲的是"一个月就成年"的兔子，对这样的兔子来说，下一个月的兔子数目是上月兔子数目的 2 倍。斐波那契把兔子改成了"2 个月才成年"，对这样的兔子来说，下一个月的兔子数目越来越接近于上月兔子数目的 1.618 倍。

咱们再扩展一下，把兔子改成"3 个月才成年"，那兔子数列会变成什么样子呢？把程序改了一下，算出来兔子的数目依然接近于一个等比数列：相邻两月数目之比接近于 1.465，比斐波那契兔子那个黄金分割比 1.618 又小了一点儿。1.465…是不是一个新的无理数呢？感兴趣的小朋友，你也想办法改一改程序，算算看。

我们不妨再把斐波那契的兔子扩展一下：假如兔子 4 个月才成年呢？ 5 个月才成年呢？会不会又得到一些新的无理数呢？小朋友们试一试吧！

在这一讲里，我们还向孩子们补充了一些知识。

（二）斐波那契数列的有趣性质一：相邻月份数目之和

斐波那契数列有一个有趣的性质，就是每个月的兔子数目等于前两个月的兔子数目之和。比如说：

- 3 月的兔子数目等于 1 月和 2 月的兔子数目之和为 $S_3=S_1+S_2=1+1=2$。
- 4 月的兔子数目等于 2 月和 3 月的兔子数目之和为 $S_4=S_2+S_3=1+2=3$。

为什么是这样呢？我们以 3 月份的兔子总数为例做一个简短的证明：

1）3 月的兔子包括新生兔、少年兔和成年兔，因此兔子总数是 $S_3=A_3+B_3+C_3$。

2）在“基本思路”部分，我们看到 $B_3=A_2$，$A_3=B_2+C_2$，$C_3=B_2+C_2$，因此可以得到下面的式子：

$$
\begin{aligned}
S_3&=A_3+B_3+C_3\\
&=(B_2+C_2)+A_2+(B_2+C_2)\\
&=S_2+(B_2+C_2)
\end{aligned}
$$

3）接下来，我们证明 $B_2+C_2=S_1$。还是根据“基本思路”部分的分析，我们能够得到 $B_2=A_1$，$C_2=B_1+C_1$，因此，$B_2+C_2=A_1+B_1+C_1=S_1$。

4）综合上面两个式子，我们可以得到 $S_3=S_2+S_1$，也就是说，3 月的兔子数目等于 1 月、2 月的兔子数目之和。

（三）斐波那契数列的有趣性质二：相邻偶数月份数目之积、相邻奇数月份数目之积

刚才讲到了斐波那契数列的基本性质：从第 3 项开始，每一项等于前两项之和。除此之外，斐波那契数列还有一个有趣的性质：从第 2 项开始，每个奇数项的平方都比前后两项之积多 1，每个偶数项的平方都比前后两项之积少 1。以第 6 项为例：第 6 项的值是 8，前面第 5 项的值是 5，后面第 7 项的值是 13，而 $8\times8=5\times13-1$。

有一个有趣的“障眼法”就是利用这个性质：有人把一个 8×8 的方格切成四块，然后移动位置，拼成一个 5×13 的长方形（见图 19-6），然后故作惊讶地问你，为什么 $64=65$？

如图 19-6 所示，事实上前后两块的面积确实差 1，只不过右边那个图中对角线处不是一条线，而是两条线，中间有一条细长的、面积等于 1 的狭缝，一般人不容易注意到而已（提示一下：紫色三角形斜边的斜率和蓝色梯形斜边的斜率很接近，但是不相等）。

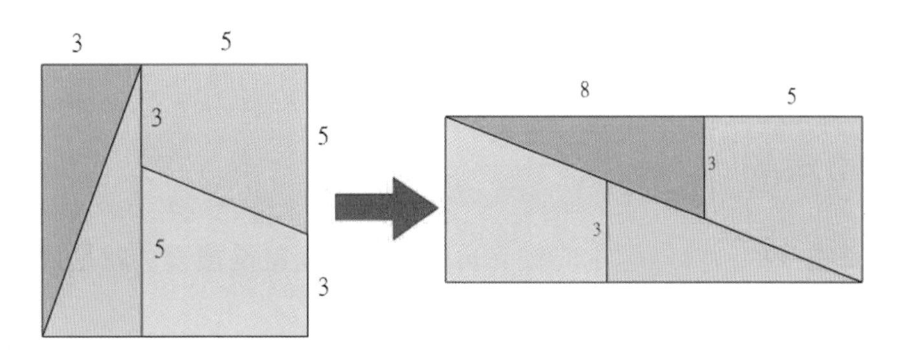

图 19-6 利用斐波那契数列性质的一个障眼法

（四）植物中的斐波那契数列

斐波那契数列是斐波那契用假想的兔子来讲述的，不过很有意思的是，有人声称植物中竟然天然地长出了斐波那契数列。比如树每年长出的枝丫数目，一般也是斐波那契数列。

这个现象被称为“鲁德维格定律”（Ludwig's law）。一种解释是：在树木的生长过程中，枝条不是一次全长出来的；新生的枝条往往需要一段“青春期”，发育成熟，而后才能萌发新枝（http://www.champak.in/wp-content/uploads/2018/12/5.jpg）。这跟斐波那契讲的故事里，新生兔子得两个月大后才能成年，再生小兔子是一样的。这样，一棵树各个年份的枝丫数便构成了斐波那契数列。

到底是真是假？我从网上找到一幅图，能够看出前几层枝丫的数目的确是 1、2、3、5（https://jooinn.com/images/tree-trunks-18.jpg）。不过也有反例：有一棵有名的树，是一棵完美的二叉树，每次都发两个枝丫，一生二、二生四、四生八，非常对称，非常漂亮（https://devrant.com/rants/247494/yeah-binary-tree）。

第20讲 玩游戏体会“搜索法”：走迷宫

一、实验目的

卜老师教我们解数学题的时候一再强调：**解题就是搜索，就是找路，找出一条从“已知条件”到“待求的目标”的路。**

找路就得从当前已推出的结果选择一个方向走走试试，要探索，要尝试；走得通就走，走不通就退回来重新选择一个方向继续尝试。关键是要积极尝试，还要善于尝试，也就是选择好尝试的方向。

这跟我们走迷宫非常像，圆明园里有一个用一人高的砖墙建造的迷宫“万花阵”（见图 20-1 中左侧部分），迷宫里的道路上有很多分叉口，还有些路是死胡同。从入口进去之后，想要到达出口可不容易。我是在不知所措的时候，让爸爸把我举起来看路才走出来的。

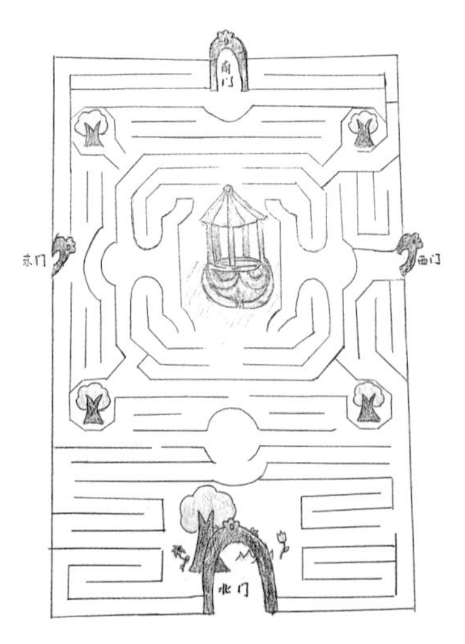

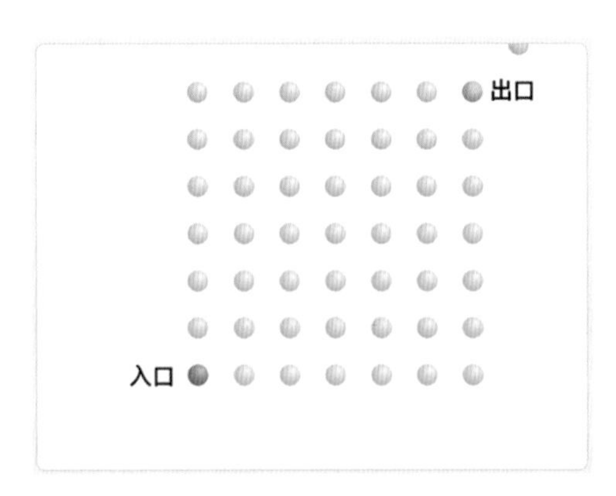

图 20-1　手绘版的圆明园“万花阵”迷宫（左）和迷宫游戏（右）

为了加深我们对解题策略的理解，卜老师设计了一个“走迷宫”的小游戏：我们用 7 行 7 列的小球表示迷宫，有入口，有出口，中间有些地方埋有地雷，表示此路不通（见图 20-1 中右侧部分）。当然了，地雷埋在哪里事先是不知道的，只有踩到了才知道。问：怎样从入口尽快地走到出口？

走这个迷宫的规则是：

- 每次只能从与当前位置相邻的点选择一个。
- 也可以从出口往回试探。
- 有些地方埋有地雷，表示此路不通，得退回去重新选择。

我们来实现这个小游戏吧！

二、基本思路

我们总共有 $7\times7=49$ 个小球，要是为每个小球都创建一个角色的话，那还得为每个小球都写一段脚本，就太麻烦了！

一个高效的实现方法是应用“克隆”技术：因为所有小球的脚本都是一样的，所以我们可以建立小球的 49 个克隆体，这样只要写一份脚本就可以了，方便吧？

我们给小球染上颜色，表示如下意思：

- **红色**：表示能够从“入口到达此处”，换句话说，我们已经“找到过从入口到达这里的一条路”。
- **蓝色**：表示能够从“此处到达出口”，换句话说，我们已经“找到过从出口到达这里的一条路”。
- **黄色**：表示还不知道怎样从入口到达这里，也不知道如何从出口到达这里。

一开始的时候，左下角入口处的小球克隆体是红色的，右上角出口处的小球克隆体是蓝色的，其他小球都是黄色的。每当点击一个小球时，这个小球会收到“角色被点击”的消息，它就做如下检查和判断：

- 如果小球下面埋着地雷，则隐身，表示“此路不通”。

- 如果上下左右的邻居中同时有红色和蓝色，则意味着“找到了一条从入口到出口的通路”，成功结束。
- 如果邻居中有红色的，则从这个邻居可以到达小球所在位置，因为从入口可以到达这个邻居（邻居是红色的），所以可以从入口经过这个邻居到达这个小球处，我们就把这个小球也设置成“红色”。
- 如果邻居中有蓝色的，则从这个邻居可以到达小球所在位置，因为从出口可以到达这个邻居（邻居是蓝色的），所以可以从出口经过这个邻居到达这个小球处，我们就把这个小球也设置成“蓝色”。
- 如果邻居中既没有红色的，也没有蓝色的，则表示我们还不知道怎样从入口到达这里，也不知道如何从出口到达这里，小球保持原有的黄色。

三、编程步骤

（一）角色设计

只需要设计小球角色及其克隆体就可以了。

（二）变量设计

- N：正方形迷宫的边长，就是每行每列有几个小球，这里设置成 N=7。
- x：每个小球克隆体的横坐标（创建变量时一定要选择“仅适用于当前角色”）。
- y：每个小球克隆体的纵坐标（创建变量时一定要选择“仅适用于当前角色”）。
- 我是老几：每个小球克隆体的顺序号（创建变量时一定要选择“仅适用于当前角色”）。
- “状态”列表：记录每个克隆体的状态，包括“尚未探索”（用黄色表示）、已经找到“从入口到这个克隆体的一条路”（用红色表示）、已经找到“从这个克隆体到出口的一条路”(用蓝色表示)，还有一种是“下有地雷”。

- “我的邻居们”列表：保存一个小球的克隆体上、下、左、右 4 个邻居的编号。
- 邻居：临时变量，表示当前位置的一个邻居小球的编号。
- i：循环控制变量。
- 走的步数：初值设置为 0。

(三) 过程描述与代码展示

我们分作 5 个程序：主程序、画迷宫积木、埋地雷积木、找邻居积木、改状态积木，描述如下。

(1) 主程序

1) 首先调用“画迷宫”积木块，建立小球的克隆体，指定每个克隆体的位置。

2) 调用“埋地雷”积木块，把一些克隆体的状态设置成“下有地雷”。

3) 广播“移动并显示”消息，通知所有克隆体走到自己的位置上去，完成迷宫修建工作（见图 20-2）。

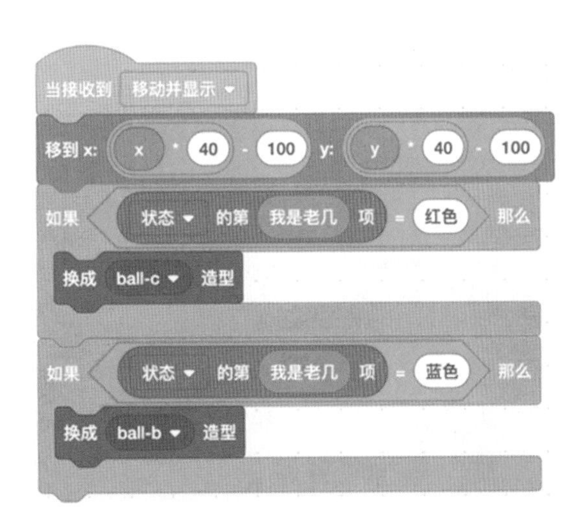

图 20-2 “走迷宫”游戏的主程序（左）、克隆体的“移动并显示”消息处理模块（右）

(2)“画迷宫”积木

1）将变量“我是老几”设为 1（见图 20-3）。

2）用两重循环，每重循环都重复执行 N 次，每次都执行如下操作：

- 克隆自己。
- 将“我是老几”增加 1，“我是老几”是这个克隆体的编号。
- 设置这个克隆体的坐标 x 和 y。

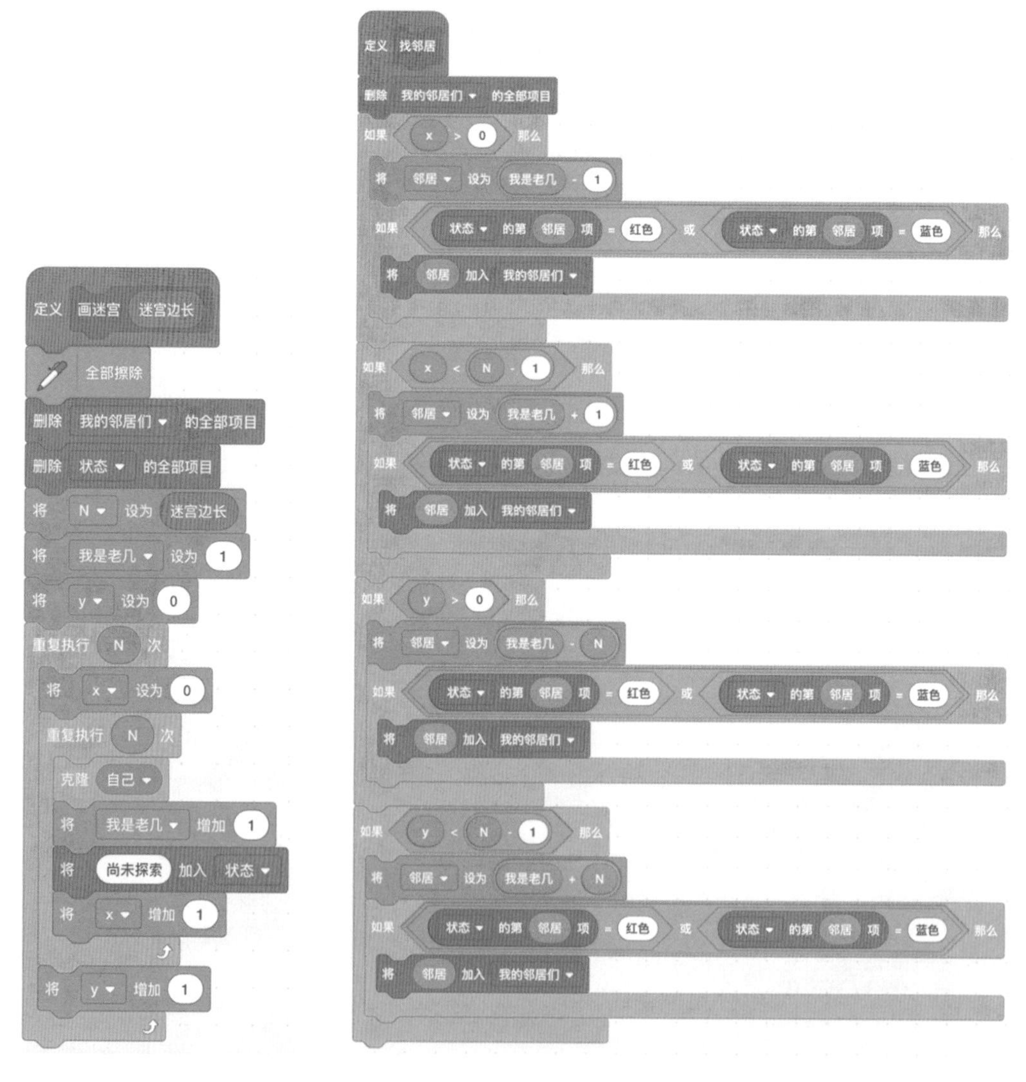

图 20-3 “走迷宫”游戏的“画迷宫”模块

需要说明的是，我们得区分各个小球。那么怎样才能区分小球的各个克隆体呢？我们定义了一个变量“我是老几”，注意定义时一定要选择“仅适用于当前角色”；初始值为 1，然后在创建克隆体时将变量“我是老几”增加 1。举个例子：克隆第 3 次的时候，“我是老几”就等于 1+1+1=3。

（3）埋地雷积木

随机找几个克隆体，将它们的状态改成“下有地雷”（见图 20-4）。

```
定义 埋地雷 (地雷个数)
重复执行 (地雷个数) 次
    将 i 设为 在 (2) 和 ((N) * (N) - (1)) 之间取随机数
    将 状态 的第 (i) 项替换为 (下有地雷)
将 状态 的第 (1) 项替换为 (红色)
将 状态 的第 ((N) * (N)) 项替换为 (蓝色)
```

图 20-4　**“走迷宫”游戏的“埋地雷”模块**

修建迷宫和埋地雷等准备工作模块我们描述完了，下面我们来看如何玩游戏吧。当小球被点击时，如果“状态的第‘我是老几’项”既不是红色也不是蓝色，那么：

- 调用“找邻居”积木块（见图 20-5）。
- 调用“改状态”积木块。

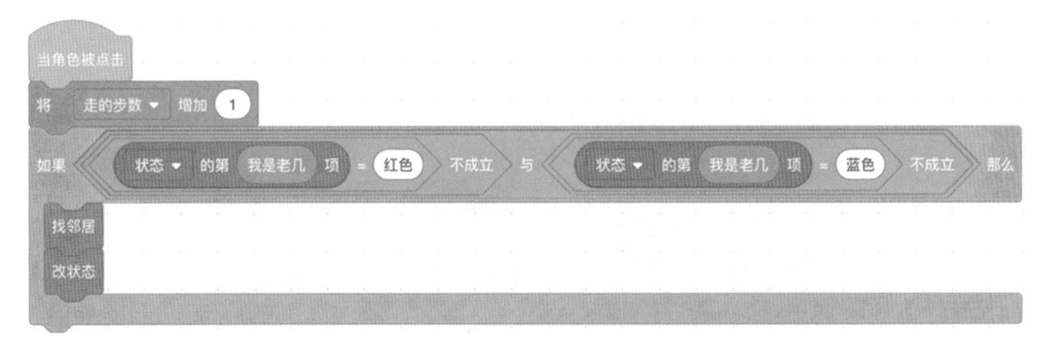

图 20-5　**“走迷宫”游戏里当小球被点击时的动作**

（4）找邻居积木

咱们拿7行7列的迷宫做例子。第10号克隆体有4个邻居：左边的是9号，右边的是11号，上面的是17号（从10+7=17得到），下面的是3号（从10-7=3得到）。

不过对于迷宫边上的克隆体，可能只有2个或3个邻居。比如1号克隆体，只有右边的邻居2号，以及上面的邻居8号（从1+7=8得到）。因此找邻居的时候，我们得加个判断，看是否在迷宫边上（程序见图20-6）。

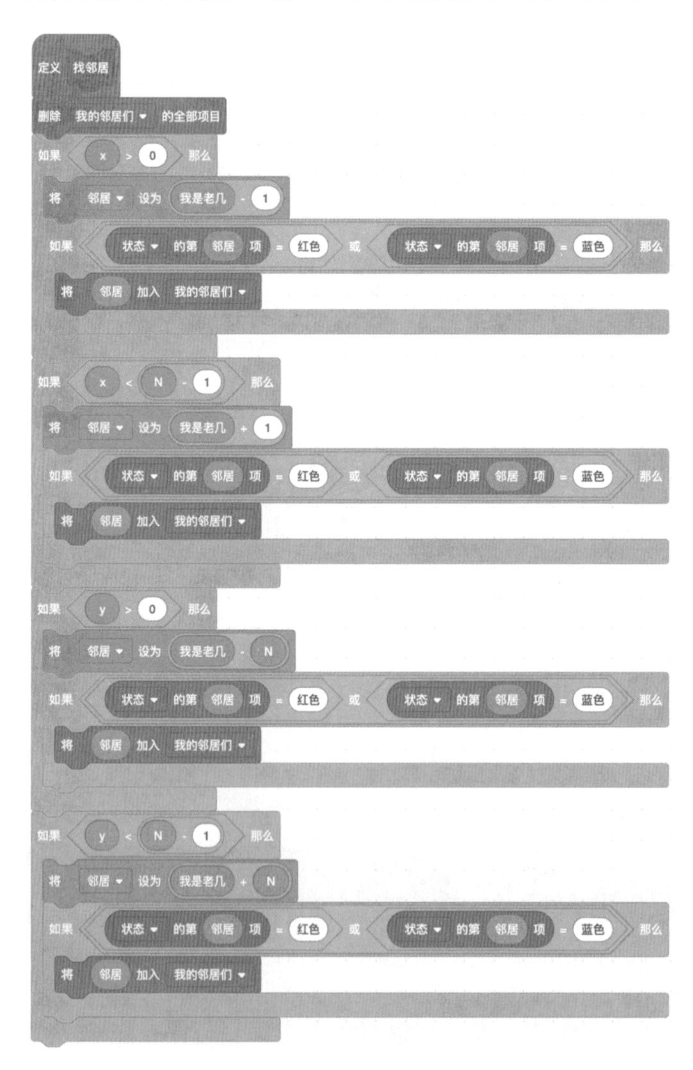

图20-6 **“找邻居”模块**

（5）改状态积木

我们需要根据当前位置的情况更改自己的状态：

1）如果“下有地雷”，就隐身。

2）如果邻居中有蓝色，我也改成蓝色。

3）如果邻居中有红色，我也改成红色。

4）如果邻居中既有红色又有蓝色，就成功结束！

怎么判断邻居中既有红色又有蓝色呢？我们是这样做的：如果碰到一个邻居是蓝色，而我已经是红色了（肯定是已经碰到过红色邻居，我才变红的），就表示“邻居中既有红色又有蓝色”。类似地，如果碰到一个邻居是红色，而我已经是蓝色了（肯定是已经碰到过蓝色邻居，我才变蓝的）。这一段程序见图 20-7。

四、遇到的 bug 及改正过程

bug：“我是老几”、坐标 x、坐标 y 这几个变量一开始设置成“适用于所有角色”，结果所有小球都移动到了一个地方。

改正：这几个变量一定要设置成“仅适用于当前角色”，这样不同的克隆体才能够区分开来。

五、实验结果及分析

这个游戏很好玩：走的时候战战兢兢，不知道脚下是否有地雷，还有就是发现走不通之后，得琢磨退回哪个点再重新开始（见图 20-2）。

我往往是从入口开始试，再从出口倒着走试试，有时能够成功走通！在我看来，大家刚开始玩的时候，要把地雷的数量设少一点，要不然经常会出现无路可走的情况哦！

```
定义 改状态
如果 <(我的邻居们 的项目数) > 0> 那么
    如果 <(状态 的第 (我是老几) 项) = 下有地雷> 那么
        隐藏
        播放声音 High Whoosh 等待播完
    否则
        将 i 设为 0
        重复执行 (我的邻居们 的项目数) 次
            将 i 增加 1
            将 邻居 设为 (我的邻居们 的第 (i) 项)
            如果 <<(状态 的第 (我是老几) 项) = 红色> 与 <(状态 的第 (邻居) 项) = 蓝色>> 那么
                换成 ball-c 造型
                播放声音 Win 等待播完
                说 (连接 万岁！您走了 和 (连接 (走的步数) 和 次，终于走通了！))
                等待 2 秒
                停止 全部脚本
            如果 <<(状态 的第 (我是老几) 项) = 蓝色> 与 <(状态 的第 (邻居) 项) = 红色>> 那么
                换成 ball-c 造型
                播放声音 Win 等待播完
                说 (连接 万岁！您走了 和 (连接 (走的步数) 和 次，终于走通了！))
                等待 1 秒
                停止 全部脚本
            将 状态 的第 (我是老几) 项替换为 (状态 的第 (邻居) 项)
    如果 <(状态 的第 (我是老几) 项) = 红色> 那么
        换成 ball-c 造型
    如果 <(状态 的第 (我是老几) 项) = 蓝色> 那么
        换成 ball-b 造型
```

图 20-7 “走迷宫”游戏里小球执行的“改状态”模块

六、思考与延伸

（一）采用什么样的策略走最合适？

我觉得从入口走的时候“一上一右”尝试最合适，从出口倒着走的时候“一下一左”尝试最合适。这样做的好处是不会太偏离目标。

（二）“走迷宫”和解数学题之间有什么关系？

在解数学题时，已知条件是入口，求解目标是出口；每次求解就是从入口向前试探着走一步，或者从出口往回走一步。如果走通了，就表示求解成功了。

我们学数学的时候，尝试过好几次这种解题策略，很有效果，解题的时候不会毫无头绪了，也不会在纸上写得丢三落四，漏掉重要的中间结果了。

好了，最后祝大家玩得愉快！

七、教师点评

“走迷宫”游戏能够很好地锻炼孩子们的思维方式：在只知道整体目标的情况下，当前碰到分叉口怎么选择？如果走着走着走到死胡同了，该退回到哪里重新走呢？

很多事情本质上就是“走迷宫”。比如解数学题，已知条件就是迷宫入口，要证明或求解的目标是迷宫出口，每一步都可沿着多个方向尝试推导，每一个方向就是一个分叉，推着推着，推不下去了，或者偏离目标太远了，就得赶紧想着退回到哪里再继续尝试。哪条路能够走通，哪条路有坑，是无法预知的。

陶哲轩写过一本小册子《跟陶哲轩学解题》，分享了他的解题方法：拿一张大纸，顶上写已知条件，底下写待求解的目标，然后从已知条件向下推理，推出的中间结论都先记录下来，直到能够推导出目标。当然了，不仅可以从已知条件向下推理，还可以从目标倒推，就是明确“要证明目标成立，需要有哪些条件”，只要最后找到一条“从已知到目标”的路就成功了。

除了解数学题之外，科学研究的过程也是“走迷宫”，也是不断地尝试、摸索、回溯，时刻衡量当前距离整体目标还有多远、是否偏离目标，有时甚至连整体目标都不能事先定义清楚，是一种朦胧的状态。

我们设计这个游戏的初衷，就是希望孩子们在玩这个游戏的过程中体会到搜索、回溯，选择尝试的策略，判断是否偏离目标，并在将来解数学题、做研究时能够自然而然地应用起来。

至于这个游戏的程序设计部分，用到了克隆、私有变量的定义、列表等，是对孩子们编程能力的综合检验。

第 21 讲 玩游戏体会“二分法”：找钻石

一、实验目的

我们喜欢玩“数字炸弹”游戏。这个游戏是两个人（比方说小明和小红）玩，规则是这样的：

小明想好一个 1～100 之间的数 x，但不把 x 说出来，让小红猜；小红可以向小明提“Yes/No 型”的问题，小明诚实地回答 Yes 或者 No。考验小红的是：如何用尽量少的提问，就把这个数 x 猜出来。举个例子，小明想好了数 x=27。

- 小红问：“x>50？”小明答：“No”。
- 小红问：“x>25？”小明答：“Yes”。
- 小红问：“x<38？”小明答：“Yes”。
- 小红问：“x>32？”小明答：“No”。
- 小红问：“x>28？”小明答：“No”。
- 小红问：“x=27？”小明答：“Yes！”

小红用了 6 次提问，才猜出来小明想的这个数 x=27。

那小红选择哪些数提问，能够最快地找到答案呢？卜老师说最好的提问方式是进行“二分法”提问，这样提问的好处是，无论答案是 Yes 还是 No，都能够把候选数的范围缩小至少二分之一。这样的话，很快就能把范围缩小到只有一个数，就是答案了！

为了帮助我们理解二分法，卜老师设计了一个“找钻石”的小游戏：我们有 8 行 8 列共 64 个小球，其中一个小球下面有一颗钻石，钻石的位置（x, y）只有裁判员知道，我们不知道（见图 21-1）。

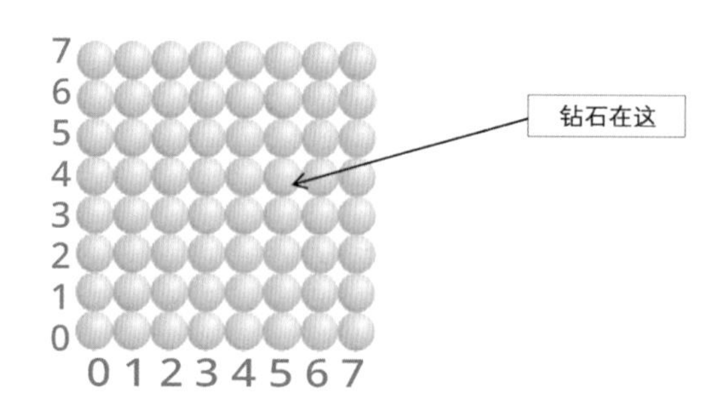

图 21-1 **“找钻石”小游戏的示意图**

我们可以问两种类型的问题：

- 问钻石的 x 坐标：比如 $x>3$、$x<5$、$x=2$？
- 问钻石的 y 坐标：比如 $y=5$、$y<3$、$y>4$？

裁判诚实地回答 Yes 或者 No。我们的目的是问尽量少的问题来找到钻石。

一起写程序吧！

二、背景知识

为了认识二分法的好处，我们先来看最简单的问法，也就是“逐个枚举”了：先问 $x=0$? $x=1$? …? $x=7$? 再问 $y=0$? $y=1$? …? $y=7$? 这样最多问 16 个问题肯定能找到钻石。不过这个方法问的问题有点太多了。我们可以用一个聪明的方法，就是“二分法”。

二分法的优势在于每次可以消除一半的可能性。比如先问 $x>3$？

- 如果裁判回答 Yes，那么我们就可以不再考虑 x=0, 1, 2, 3 这些位置，这样 x 的候选范围就只剩下一半的数量了。
- 如果裁判回答 No，那么我们就可以把 x=4, 5, 6, 7 这些位置去掉，这样 x 的候选范围也是只剩下一半的数量了。

每次都这样用二分法去做，每次把候选范围缩小一半，只用很少的提问就可以了。

三、基本思路

玩家在输入提问之后，裁判员将不满足条件的小球改变颜色，然后游戏者继续输入提问，裁判员再将不满足条件的小球改变颜色。如此重复，直到找到钻石为止。

四、编程步骤

（一）角色设计

- `Ball`：黄色球表示可能有钻石，蓝色球表示“已判明下面无钻石”；小球还要分析玩家的提问，并回答 Yes 或 No。
- `Diamond`：钻石。

（二）变量设计

- `Question`：玩家提的问题，比如“x>3?”。
- `x, y`：钻石所在的真实位置。
- `DiamondAnswer`：根据钻石的真实位置 (x, y) 对玩家的回答，回答是 Yes 或 No 二者之一。
- `i, j`：循环变量，表示小球的坐标。
- `Answer`：根据小球的坐标 (i, j)，算出的答案为 Yes 或者 No。
- `Num`：临时变量。
- `Count`：数一数问了几个问题。
- 列表 `ballList`：保存可能有钻石的小球。

（三）过程描述与代码展示

小球执行的主程序见图 21-2，步骤是这样子的：

1）调用“摆小球”积木，摆好各个小球，并且通知钻石找一个随机的位置藏起来。

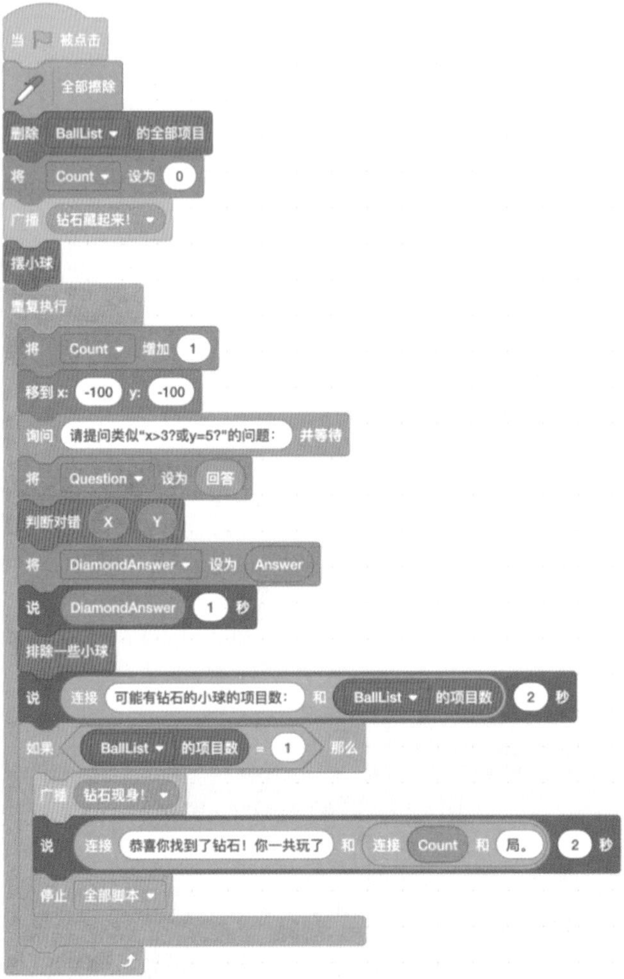

图 21-2　**小球的主程序**

2）请玩家提问，获得玩家输入的提问，调用“判断对错”积木得到答案 Yes 或 No；调用“排除一些小球”积木，使被排除的小球变颜色。

3）如果“可能有钻石的小球”的项目数等于 1，广播“钻石现身”消息，说“恭喜你找到了钻石！”，停止所有脚本。

“摆小球”积木不难，就是写一个两重循环，让小球走到各个位置，然后盖个章（图 21-3 左图）。

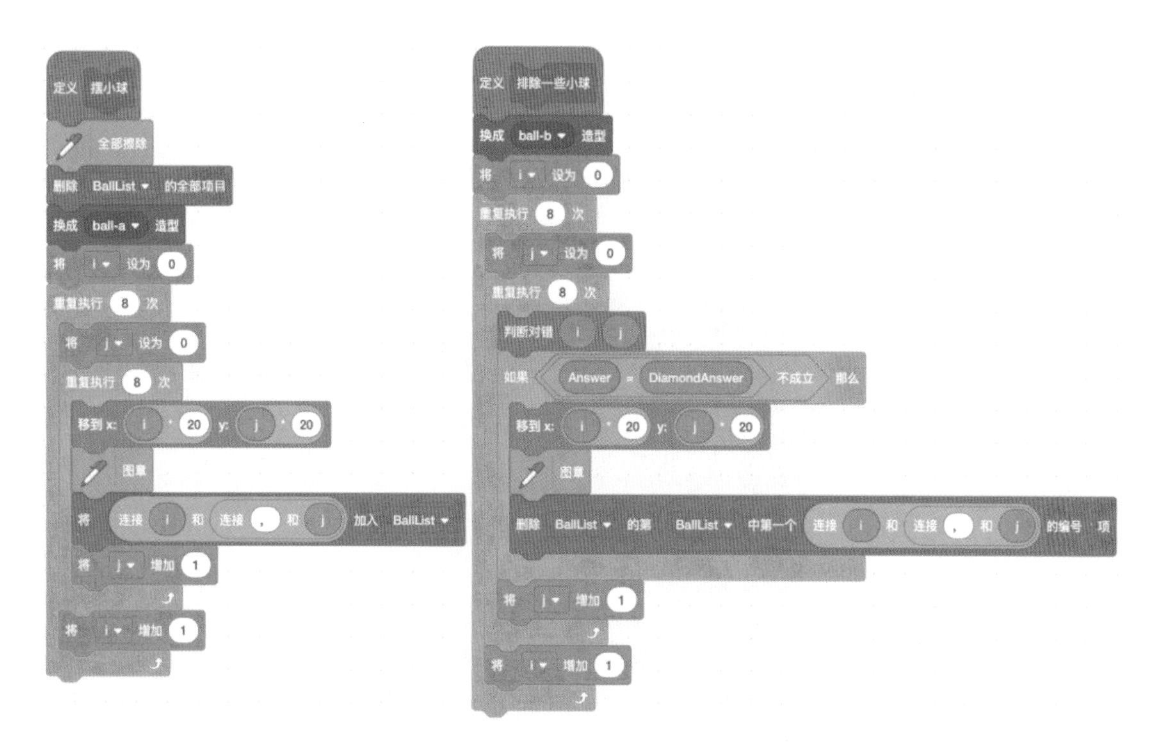

图 21-3　“找钻石”游戏的“摆小球”及“排除一些小球”积木块

“排除一些小球”这个积木有点儿技巧：我们写个两重循环，对每个小球，根据它的坐标 (i, j) 算出一个答案，再根据钻石的真实位置 (x, y) 算出一个答案，如果不一致的话，就表示这个小球被排除了。这个积木块的步骤见图 21-3 右图。

“判断对错”积木块比较烦琐，得分析清楚玩家的提问问的是 x 还是问的是 y，还得分清楚是大于号、小于号还是等于号。不过只要细心就可以，难度不大（见图 21-4）。

举个例子来说，如图 21-5 所示，钻石的真实位置在 (1, 4) 处，玩家提问是“x>3?”，裁判根据钻石的真实位置算出来回答是“No”；我们逐个枚举每个小球，比如枚举到 (7, 7) 处的小球时，调用“判断对错”积木块，调用时的参数是 (7, 7)，得到回答“ Yes”；这与根据钻石真实位置算出来的回答不一致，表示这个小球下面不可能有钻石，所以排除这个小球。

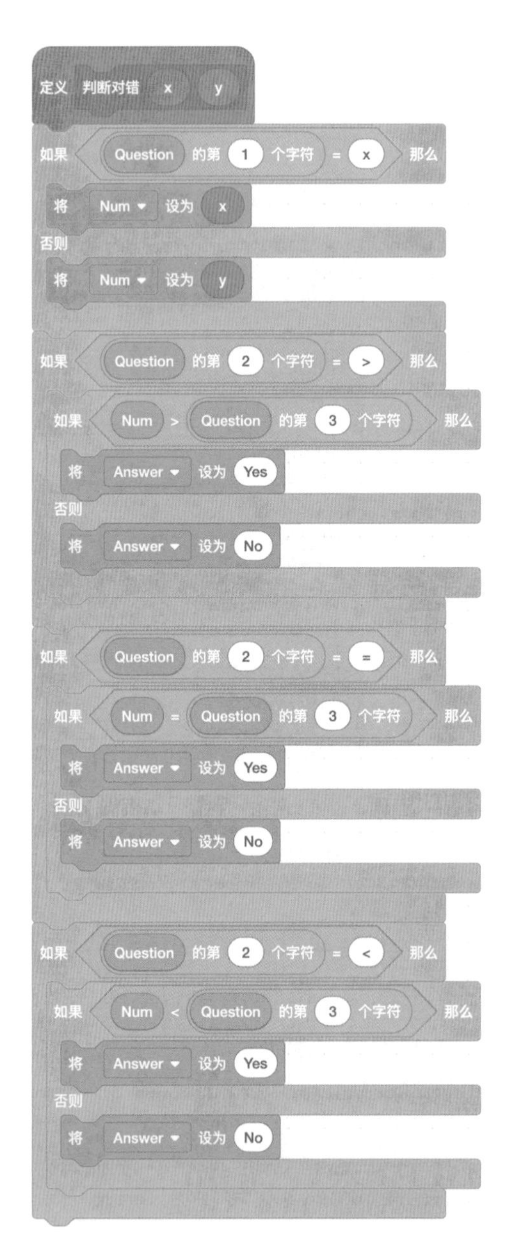

图 21-4 **“找钻石”游戏中“判断对错”积木块**

当枚举到 (0, 0) 处的小球时，调用“判断对错”积木块，调用时的参数是 (0, 0)，得到回答“ No”；这与根据钻石真实位置算出来的回答一致，表示这个小球下面可能有钻石，所以不能排除这个小球。

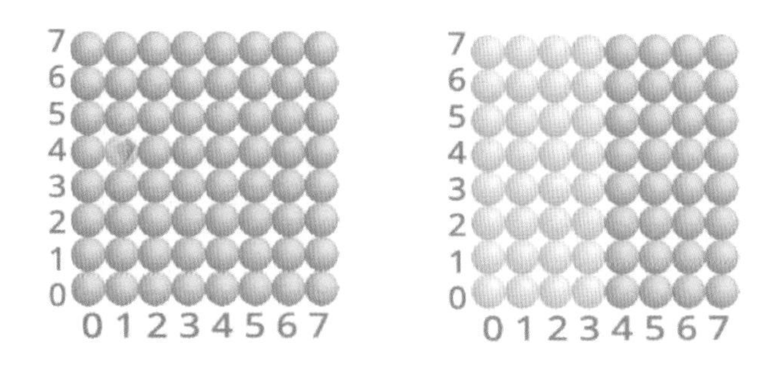

图 21-5　“排除一些小球”积木块执行过程示例。左侧表示钻石真实位置是 (1,4)；右侧表示玩家提问“x>3?”，裁判回答“No”，则玩家可以排除掉 x=4, 5, 6, 7 这 4 列

钻石的脚本就比较简单了：当收到“钻石藏起来”消息时，将 x 和 y 设置成随机数，移动到那个位置；当收到“钻石现身”消息时，显示即可（见图 21-6）。

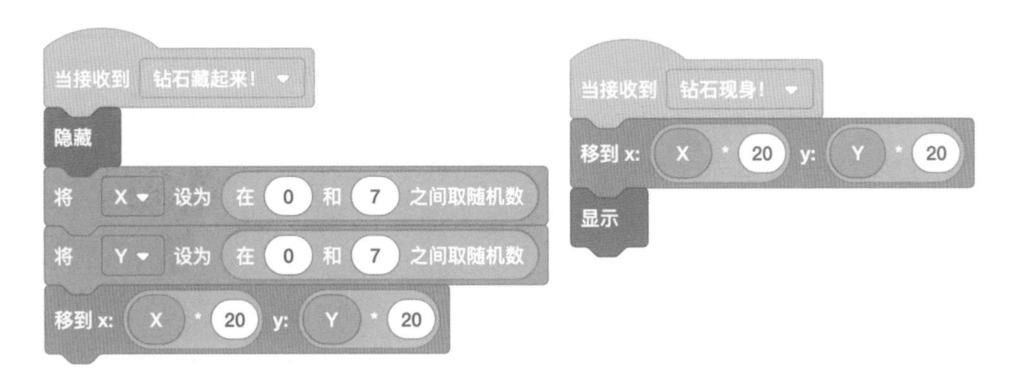

图 21-6　“找钻石”游戏中钻石的脚本

五、遇到的 bug 及改正过程

bug：写两重循环时，内重循环应该是“把 j 增加 1”，外重循环应该是“把 i 增加 1”，我写反了，导致程序运行结果莫名其妙。

改正：以后写两重循环时，先写好“把 j 增加 1”或者“把 i 增加 1”，再写其他语句。

六、实验结果及分析

我玩第一局时，用了 9 次提问（见图 21-7）。玩第二局时，只用了 5 次提问就可以了。第二次比第一次快，是因为第二次用了二分法，而第一次没有用二分法。

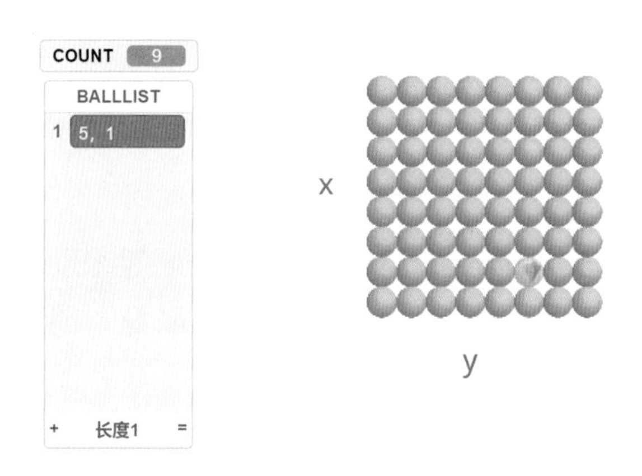

图 21-7 “找钻石”游戏运行结果示例

七、思考与延伸

（一）采用什么样的策略最合适？

采用二分法最好，因为每次都可以排除至少一半的小球。

（二）傅鼎荃说对 8 行 8 列的游戏来说，使用二分法最多需要 6 次，为什么？

因为用二分法可以排除一半所以就是 64 ÷ 2 ÷ 2 ÷ …，不断除以 2，直到得到 1。我发现有 6 个除号就能把 64 变成 1，所以最多只需要 6 次啦！

刚才我们是从除法的角度计算，如果从乘法的角度来看，我们问的实际上是“2 的几次方等于 64”，用对数表示就是 $\log_2 64=?$ 什么叫对数呢？比如 2 的

3 次方等于 8，我们就说 8 的对数是 3；2 的 6 次方等于 64，我们就说 64 的对数是 6。

（三）用递归的观点想一想

我是这样理解递归的：在两面相对的镜子之间放一根正在燃烧的蜡烛，我们会从其中一面镜子里看到一根蜡烛，蜡烛后面又有一面镜子，镜子里面又有一根蜡烛……这就是递归。在这一讲中，$64 \div 2 \div 2 \cdots$中的不断除以 2 也是递归。

八、教师点评

“数字炸弹”是一个很好的游戏，孩子们在玩这个游戏时，能够自然而然地领会到“二分法”。二分法的好处是：无论猜对还是猜错，都至少能够排除掉 1/2 的选项。

这个游戏的另一个用意就是引导孩子们领会“猜测 - 修正”解题策略。在解决问题时，我们一定要勇敢地去尝试、去猜测，猜错了不要紧，想办法修正就是了。

第22讲 “二分法”的应用：估计$\sqrt{2}$的值

一、实验目的

学完勾股定理之后，我们大家都知道对于边长为1的正方形来说，对角线长度是$\sqrt{1^2+1^2}=\sqrt{2}$。这里$\sqrt{2}$是指这样一个数：它自己乘以自己，乘积是2。

那$\sqrt{2}$到底是多少呢？我用圆规转一下，发现$\sqrt{2}$会落在1和2之间（见图22-1），也就是比1大、比2小。我又画了一个边长为1cm的正方形，用尺子量一下对角线，估计长度是1.4cm，也就是说，$\sqrt{2}$大约等于1.4。

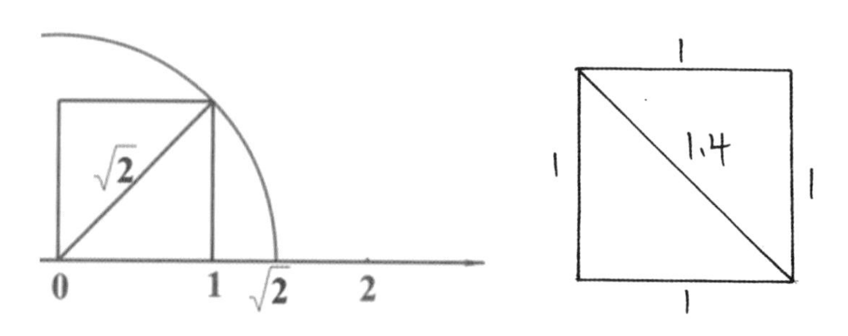

图22-1 边长为1的正方形的对角线长度为$\sqrt{2}$，大约为1.4

那么能不能想个办法，把$\sqrt{2}$估计得更准确一些呢？我们只学过加减乘除，开平方没学过啊，那$\sqrt{2}$可怎么算？不要担心，平方根这种“逆向”运算我们不会，可是“正向”的平方我们会算啊。我们可以先猜测$\sqrt{2}$的一个估计值，然后进行正向运算，看看估计值的平方是比$\sqrt{2}$大还是比$\sqrt{2}$小呢？如果估计值大就减少一点，小就增大一点。这样不断调整估计值，很快就估计得越来越接近$\sqrt{2}$了。

来，我们一起写一个程序估计一下 $\sqrt{2}$ 吧。

二、背景知识

（一）$\sqrt{2}$ 是怎么发现的？

毕达哥拉斯（Pythacoras of Samos，公元前 570 年—前 495 年）的一位学生叫希帕索斯，他发现边长为 1 的正方形其对角线长度不是整数，也不能用分数表示，所以只能创造出一个新的数来表示，这个数就是 $\sqrt{2}$。

（二）毕达哥拉斯是谁？

毕达哥拉斯是一名古希腊哲学家、数学家和音乐理论家，和我国的孔子是同时代的人。和孔子一样，毕达哥拉斯也收了很多学生，形成了一个学派，这个学派证明了毕达哥拉斯定理：直角三角形两直角边长度的平方之和等于斜边长度的平方，也就是中国古代的“勾股定理”。毕达哥拉斯是用了 4 个直角三角形，摆成两种正方形来证明的（见图 22-2）。

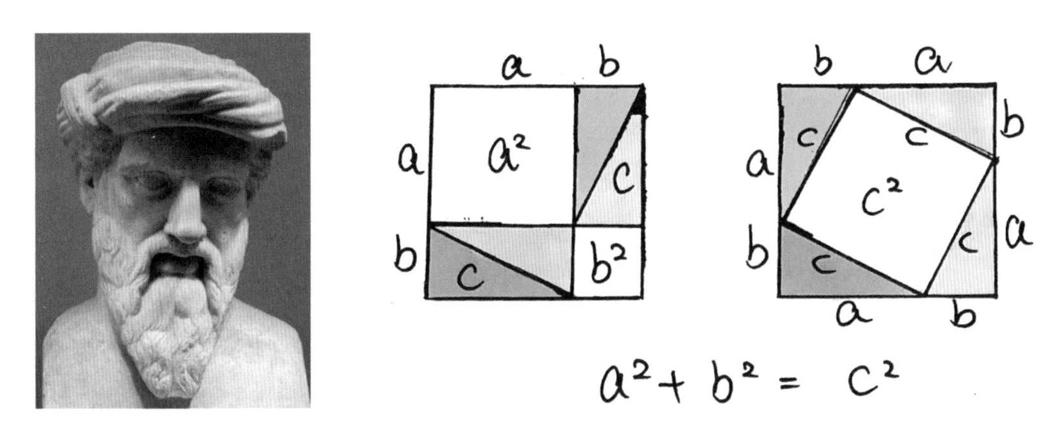

图 22-2 毕达哥拉斯像及毕达哥拉斯定理的证明过程

据说证明了这个定理之后，毕达哥拉斯非常高兴，杀了100头牛庆祝，所以这个定理又称为“百牛定理”。

（三）为什么说$\sqrt{2}$的发现是一件重要的事情？

毕达哥拉斯学派信奉“万物皆数”，就是世上万物都能用“整数或整数之比”来表示。

为什么毕达哥拉斯认为整数及整数之比那么重要呢？有一个小故事能够说明：相传毕达哥拉斯路过铁匠铺，觉得打铁时大锤和小锤的敲击声特别和谐，原来大锤小锤的重量之比恰好是特定整数之比，像左边这幅图一样。

希帕索斯发现$\sqrt{2}$既不是整数也不是整数之比，破坏了“万物皆数”这个信条，相传被毕达哥拉斯学派的人投入海中。

事实上，$\sqrt{2}$是一个无理数，就是不能表示成“整数之比”的数（我们在讲π的时候讲过无理数的定义），是无限不循环的：$\sqrt{2}=1.414213562\cdots$

三、基本思路

刚刚我们用圆规把对角线转过来，发现对角线长度（也就是$\sqrt{2}$）比1大，比2小。包老师教我们把这个范围用中括号来表示，写成[1, 2]。

那能不能把这个范围缩小一点呢？

我们用上一讲学过的“二分法”缩小范围：1和2之间的中点是1.5，我们先猜测$\sqrt{2}=1.5$。那这个猜测对不对呢？

包老师引导我们“反过来想”：“开根号我们不会，但是我们会平方啊。”我们算一下1.5的平方：$1.5\times1.5=2.25$，比2大，因此1.5肯定也比$\sqrt{2}$大。因此，$\sqrt{2}$肯定在[1,1.5]这个范围之内。

机械工业出版社创立70周年

天工开物
筒车

《天工开物》，中国明代一部综合性的科学技术著作，初刊于1637年，作者宋应星；全书共三卷十八章，收录了机械、造纸、纺织等生产技术。

天工開物卷序

天覆地載物數號萬而事亦因之曲成而不遺豈人力也哉事物而既萬矣必待口授目成而後識之其與幾何萬事萬物之中其無益

你看，我们把 $\sqrt{2}$ 的可能范围缩小了一半了吧？我们这样不断重复，就能把范围缩得越来越小，足够小之后就能精确估计出 $\sqrt{2}$ 了。

四、编程步骤

（一）角色设计

我们只用一个角色即可，可以随便选。

（二）变量设计

- `low`：表示估计范围的下边界；low 这个词的意思就是“下边的”。
- `up`：表示估计范围的上边界；up 这个词的意思就是“上边的”。
- `mid`：表示估计范围的中间数；mid 是 middle 的缩写，意思是“中间的”。
- `num`：表示循环次数。
- `list`：一个列表，记录每次估计范围的中间数 mid。

（三）过程描述与代码展示

一开始的时候，我们把估计的范围设置成 [1, 2]，就是设置 low=1，up=2。接下来计算估计范围的中间数 $\mathrm{mid}=\frac{\mathrm{up}+\mathrm{low}}{2}=1.5$，如图 22-3 所示。

图 22-3 “二分法”缩小 $\sqrt{2}$ 所在的范围：从一开始的范围 [1, 2] 缩小到 [1, 1.5]

那么 mid 的平方 mid×mid 比 2 大还是小呢？这可都有可能，我们分情况看：

- 如果 mid 的平方 mid×mid 比 2 大，那么 mid 也应该比 $\sqrt{2}$ 大，因此 $\sqrt{2}$ 肯定在 [low, mid] 这一范围内。我们把 up 重新设置成 mid，继续迭代。
- 如果 mid 的平方 mid×mid 比 2 小，那么 mid 也应该比 $\sqrt{2}$ 小，因此 $\sqrt{2}$ 肯定在 [mid, up] 这个范围内。我们把 low 重新设置成 mid，继续迭代。

主程序不断重复这个过程，直到 mid×mid 跟 2 相差不大，换句话说，mid 和 $\sqrt{2}$ 相差也不大。这时我们说出 mid 就行了（见图 22-4）。

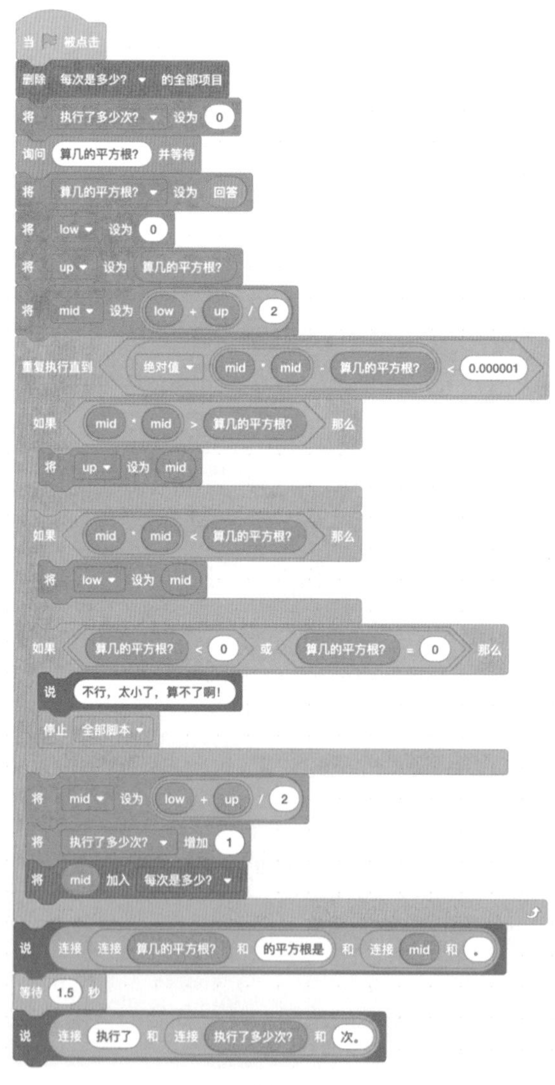

图 22-4　估计 $\sqrt{2}$ 的“二分法”程序

五、遇到的 bug 及改正过程

bug：列表里的数很多很多，并且算得也不准。

改正：我忘记清空列表了，清空列表之后就一切正常了。

六、实验结果及分析

图 22-5 所示是程序的执行结果。我们能够看到一开始估计$\sqrt{2}$ =1.5，很不准；第二次估计是 1.25，也不准；不过不要紧，再继续做，接下来是 1.375, 1.437, 1.406, 1.421，到第 10 次的时候，就估计出$\sqrt{2}$=1.415，很接近 1.414 了。

图 22-5 “二分法”估计$\sqrt{2}$的运行过程

（一）除了 2，计算一下其他数的平方根，比如 3、5、7

用同样的方法，我们能够计算其他数的平方根。如表 22-1 所示，我们估计出$\sqrt{3}$ =1.732，跟真实值小数点后 3 位一模一样，非常准。

表 22-1 使用二分法计算 $\sqrt{3}$，$\sqrt{5}$，$\sqrt{7}$

要计算的数	计算器算的	我们算的
$\sqrt{3}$	1.732	1.732
$\sqrt{5}$	2.236	2.236
$\sqrt{7}$	2.645	2.645

（二）输入不同的初始估计值 low 和 up，需要多少次循环才能估计准？

我们试了好几种不同的初始值，发现对程序运行多少次循环影响不大（见表 22-2）。

表 22-2 初始估计值 low 和 up 对循环次数的影响

low（下界）	up（上界）	num（次数）	结果
0	2	21	1.4142
0	4	22	1.4142
0	100	26	1.4142
0	10000	28	1.4142
1	2	20	1.4142
−1	2	21	1.4142

七、思考与延伸

（一）有没有更快的方法来估计出 $\sqrt{2}$ 呢？

刚才我们每次都是取中间数 mid = (low + up)/2。难道一定要取中间点吗？包老师说取这个范围中的任何一个数都可以，比如我们取得偏一点儿，用黄金分割点：一开始的时候，我们估计在 [1, 2] 这个范围，也就是说 low=1， up=2，下一次的估计值不取 1.5，而是取黄金分割点 1.618。

因为 1.618 的平方是 $1.618 \times 1.618 = 2.618$，比 2 大，也就是说 1.618 肯定比 $\sqrt{2}$ 大，所以我们可以断定 $\sqrt{2}$ 肯定在 [1, 1.618] 这个范围之内。这样就把范围从 [1, 2] 缩小到 [1, 1.618]，范围的大小变成了原来的 0.618。

我们发现：在上界比较大的时候，二分法比黄金分割法更快；在上界比较小的时候，黄金分割法比二分法更快（见表 22-3）。

表 22-3　用中间点和黄金分割点的两种二分法对比

所用方法	low（下界）	up（上界）	num（次数）	结果
二分法	1	2	20	1.4142
黄金分割法	1	2	19	1.4142
二分法	1	300	28	1.4142
黄金分割法	1	300	32	1.4142

（二）计算 2 的十二次方根 $\sqrt[12]{2}$

咦？什么是 2 的十二次方根？其实类比一下很好明白：2 的平方根是 $\sqrt{2}$，它的平方（就是自己乘以自己）等于 2，那 2 的十二次方根就是 $\sqrt[12]{2}$，它的 12 次方（就是自己乘以自己，连乘 12 次）等于 2。

2 的十二次方根 $\sqrt[12]{2}$ 是什么我懂了，可是为什么要算它呢？

这背后有很好玩的故事。很多同学可能都学过乐器，比如钢琴、小提琴等。在学基础乐理的时候，音乐老师说过“八度”这个概念，就是钢琴上小字一组的 C 比中央 C 要高一个八度。那高一个八度到底是什么意思呢？我们打开钢琴的后盖就明白了，原来对应小字一组 C 的那个琴弦比中央 C 的那根琴弦恰好短了 1/2，反过来说，中央 C 的那根琴弦长度是小字一组 C 的 2 倍（见图 22-6）。

老师还教过我们一个概念，叫作“半音”：一个八度有 12 个半音；或者换句话说，从中央 C 到小字一组 C 有 12 个键（包括 7 个白键、5 个黑键），相邻的键之间差 1 个半音。

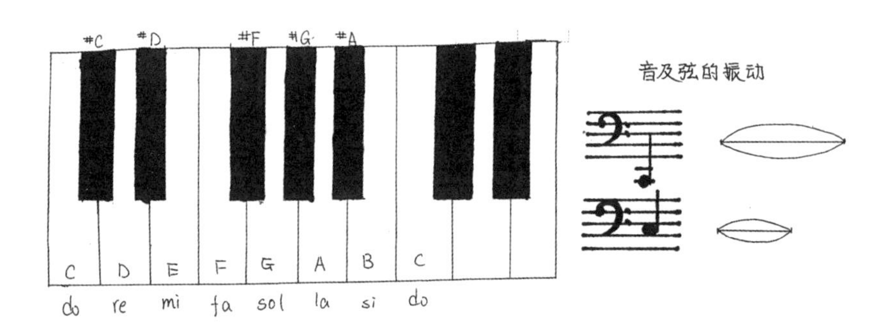

图 22-6 钢琴上一个八度有 12 个半音（7 个白键、5 个黑键）；对应小字一组 C 的那根琴弦比中央 C 的那根琴弦恰好短了 1/2

那么问题来了：中央 C 的那根琴弦长度是小字一组 C 的 2 倍；中央 C 到小字一组 C 之间有 12 个键（就是 12 根琴弦），那相邻的琴弦之间长度之比是多少呢？

对啦！如果我们把相邻琴弦之间的长度之比设计成 2 的十二次方根 $\left(\sqrt[12]{2}\right)$ 的话，连乘 12 次，就得到 2，那中央 C 的那根琴弦长度就正好是小字一组 C 的 2 倍啦。这种分法能够分得非常均匀，叫作十二平均律，钢琴就是根据十二平均律定音的。

最后一个问题是：$\sqrt[12]{2}$ 到底是多少呢？是 1.1？还是 1.01？我们写个程序算一算吧！

我们已经学会了写程序算 2 的平方根等于多少，我们先估计一个值，比如 1.5，然后算它的平方 $1.5\times1.5=2.25$，比 2 大，说明我们估计得太高了，需要再调低一点。

这里也一样，我们不会算 2 的十二次方根 $\sqrt[12]{2}$，就反过来想，算估计值的 12 次方，然后跟 2 比大小，大的话就把估计值调低一点，小的话就增加一点。我们写的程序如图 22-7 所示。

我们的程序估计出 $\sqrt[12]{2}=1.059463$，精确到小数点后 9 位，非常准（见图 22-8）。

```
当 [绿旗] 被点击
删除 每次是多少? 的全部项目
将 执行了多少次? 设为 0
询问 算几的12次方根? 并等待
将 算几的12次方根? 设为 回答
如果 算几的12次方根? < 0 那么
    说 不行，负数和0算不了啊!
    停止 全部脚本
将 low 设为 0
将 up 设为 算几的12次方根?
将 mid 设为 (low + up) / 2
将 mid12 设为 0
重复执行直到 绝对值 (mid12 - 算几的12次方根?) < 0.00000001
    将 mid12 设为 mid * mid * mid * mid * mid * mid * mid * mid * mid * mid * mid * mid
    如果 mid12 > 算几的12次方根? 那么
        将 up 设为 mid
    如果 mid12 < 算几的12次方根? 那么
        将 low 设为 mid
    将 mid 设为 (low + up) / 2
    将 执行了多少次? 增加 1
    将 mid 加入 每次是多少?
说 连接 (连接 算几的12次方根? 和 的平方根是) 和 (连接 (每次是多少? 的第 (每次是多少? 的项目数) 项) 和 。)
等待 1.5 秒
说 连接 执行了 和 (连接 执行了多少次? 和 次。)
等待 1.5 秒
```

图 22-7 估计$\sqrt[12]{2}$的“二分法”程序

图 22-8 **使用二分法估计 $\sqrt[12]{2}$，估计值是 1.059463**

不过查了资料才知道，我国明朝时有位大数学家朱载堉，用算盘就算出来 $\sqrt[12]{2}$=1.059463094359295264561825，达到了小数点后 25 位。太牛了！卜老师告诉我们，北大物理系的武际可教授对此进行了考证，认为朱载堉算出来的 $\sqrt[12]{2}$ 估计值通过传教士利玛窦传到了西方，促进了西方从羽管琴到现代钢琴的演变，要是不知道这个数的话，钢琴的琴弦该截多长呢？物理学家亥姆霍兹也给予朱载堉极高的评价和赞誉（见图 22-9）。

图 22-9 **我国明代的大数学家朱载堉像，以及他估计出的 $\sqrt[12]{2}$，精确到小数点后 25 位**

八、教师点评

$\sqrt{2}$ 是历史上发现的第一个无理数。孩子们自己算出而不是简单背诵 $\sqrt{2}=1.414$，有助于理解这个无理数。

开根号怎么算？孩子们一开始是手足无措的：只学过加减乘除，不知道怎样用加减乘除得到平方根。

这堂课中最核心的东西就是“反过来想”：算平方根不会算，就转化成会算的平方。我们先估计一个值，比如 1.5，然后算估计值 1.5 的平方，也就是 $1.5\times1.5=2.25$，比 2 大，那 1.5 肯定也比 $\sqrt{2}$ 大；我们就把估计值 1.5 调低一点，$\sqrt{2}$ 肯定在 [1, 1.5] 这个范围之内。

一开始范围比较大，那不要紧，上堂课中我们学过了“试错法”，就是不断地猜测、验证、修正，逐渐把范围缩小。

这种“反过来想”的思考方式是我们希望孩子们能够记在心里的东西。

计算 $\sqrt[12]{2}$ 背后的历史也值得一提：朱载堉没有电子计算器，只能用简陋的算盘，还是自制的“八十一档”大算盘；没有方便的阿拉伯数字“1, 2, 3, 4, 5, 6, 7, 8 , 9, 0”，只能用汉字“一、二、三、四、五、六、七、八、九、〇”，却能完成这么精确的计算，其毅力之大、方法之妙，着实让人钦佩。

第23讲 仿真世界：牛顿的大炮

一、实验目的

牛顿在他的一本书里提出过一个有趣的问题：把一门大炮搬到山顶上，水平发射炮弹，那炮弹会怎样飞呢？

如果没有地球对炮弹的引力的话，炮弹会一直水平飞。当然我们知道这是错的：地球对炮弹有引力，会拉着炮弹向下拐弯，一会儿就落地了（见图23-1）。

不过牛顿想得更多一点：要是炮弹里的火药装多一些，炮弹飞得再快一点，那会怎样呢？我也不知道，咱们一起编程模拟一下吧！

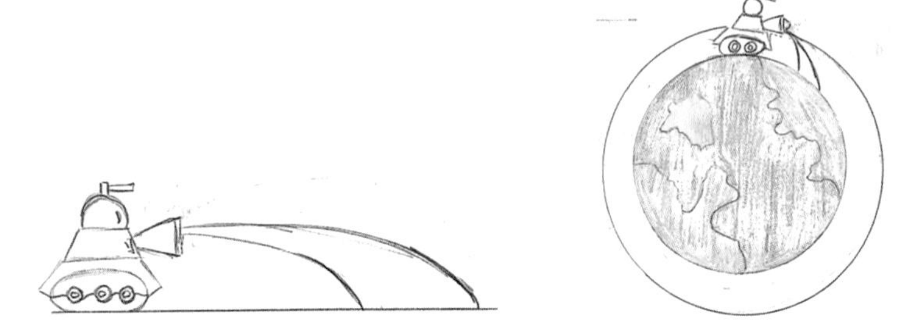

图23-1　炮弹的运行轨迹。左侧为火药放的少的时候，炮弹飞不远，可以认为地面是平的；右侧为火药放的多的时候，炮弹飞得很远，就不能认为地面是平的了，而是弯曲的

二、背景知识

（一）牛顿是谁？

第一次听到牛顿的名字，我还以为他姓牛呢！后来才知道他不姓牛，而是

姓牛顿，名字叫艾萨克，全名是艾萨克·牛顿（Issac Newton）。

关于牛顿有很多传说：比如被苹果砸到脑袋，发现了万有引力定律（卜老师告诉我们此事真假存疑，部分来源于伏尔泰的转述）；还有就是牛顿用三棱镜把一束白光分解成多种颜色的光，再用一个三棱镜又混成了白光。牛顿真是牛啊！

（二）牛顿的大炮是用来做什么的？

牛顿想用“山顶上开炮”实验说明“炮弹飞快了就是一颗小行星”，以此来说明他的引力理论既适用于炮弹，也适用于行星，是个“万有引力”理论。

按照通常的想法，水平开炮，炮弹被地球吸引，会拐弯，一会儿就会落地；不过牛顿想得更多：多装火药，炮弹就飞得远一点才落地。

要是再多装一些火药呢？一个关键的问题出现了：大地可不是平的，而是向下弯曲的；地球地球，地面可是一个弯曲的球面啊。那么炮弹往下拐弯的同时，大地也往下弯曲，那炮弹可能永远都不会碰到地面。岂不是炮弹就成了一颗环绕地球一直飞的卫星呢？

这就是牛顿当时的想法。不过具体装多少火药，也就是炮弹的速度是多少才能变成卫星（第一宇宙速度，即 7.9 km/s），咱们写程序模拟一下看。

三、基本思路

如何模拟炮弹的轨迹呢？

炮弹一开始发出来是沿着水平方向走的，但沿着水平方向走的只是刚发出来的那一刻，下一刻就会向下坠一点点。这是很细微的变化，我们看不见，不过用不了几秒，就会发现炮弹已经拐弯向下走了。

地球对炮弹的引力会改变炮弹的速度。这很好理解：我骑自行车的时候，同学拉着自行车，我的速度就变慢了，要是向前拉，我就骑得越来越快。

引力一开始改变炮弹垂直方向的速度，垂直方向的速度改变炮弹的 y 坐标；引力也会改变炮弹水平方向的速度，水平方向的速度改变炮弹的 x 坐标。概括一下：“引力改速度，速度改位置。”

四、编程步骤

（一）角色设计

我们设置两个角色：炮弹和地球；地球固定在原点处。

（二）变量设计

（1）位置

我们用 (x, y) 表示炮弹的位置；用 d 表示炮弹到地球的距离（见图 23-2 左图）。

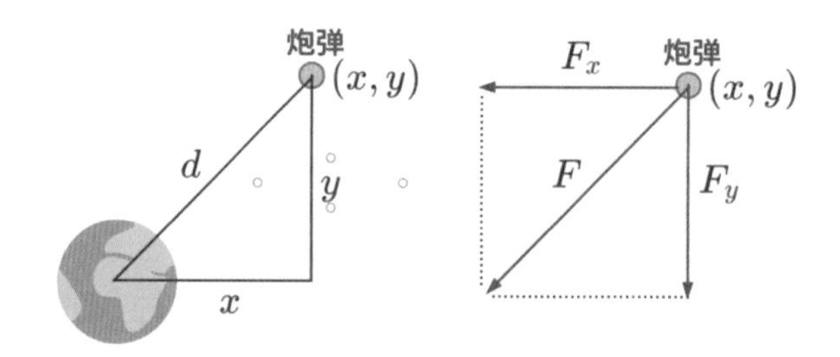

图 23-2　以连接炮弹和地球的线段为斜边的直角三角形（左图）以及炮弹受到的地球引力（右图）。地球用圆表示，圆心在 (0, 0) 点；炮弹在 (x, y) 处。斜边长度是 d，两条直角边的长度分别是 x 和 y。炮弹受到地球的引力 F。我们把引力 F 分解成向左的拉力 F_x 和向下的拉力 F_y

（2）引力

用 F 表示地球对炮弹的引力（也叫万有引力）；用 F_x 和 F_y 分别表示水平方向的力和垂直方向的力（见图 23-2 右图）。

（3）速度

我们用 V_x 和 V_y 分别表示炮弹水平方向和垂直方向的速度（见图 23-3）。

那引力有多大呢？牛顿的万有引力定律说“距离越大，引力越小；引力和距离的平方成反比”，也就是说 $F=\frac{1}{d\times d}$。（卜老师说这个公式是简化后的公式：引力和地球、炮弹的质量有关；这里地球和炮弹的质量一直不变，我们就省略了。）不过炮弹受到的拉力 F 是斜着的，那水平方向拉力 F_x 和垂直方向拉力 F_y 又是多少呢？

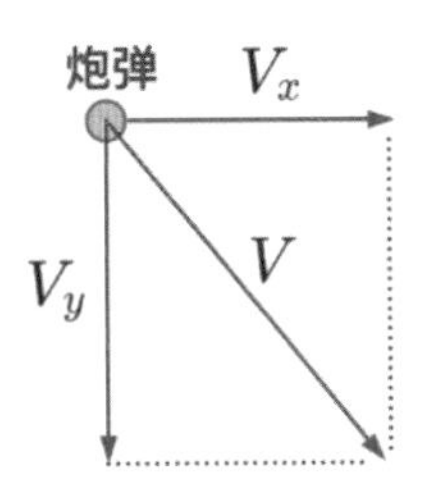

图 23-3　炮弹的运动速度。炮弹向右下方运动，我们把速度 V 分解成水平向右的速度 V_x 和竖直向下的速度 V_y

为了弄明白这一点，卜老师带着我们用三个弹簧秤做了一个小实验：一个弹簧秤斜着拉，一个弹簧秤沿着水平方向拉，另一个弹簧秤沿着竖直方向拉（具体的实验过程见后面的“教师点评”）。实验结果表明：炮弹受到斜方向的拉力 F 和水平方向的拉力 F_x、垂直方向的拉力 F_y 组成一个直角三角形。按照比例关系，我们这样计算水平方向的拉力 F_x 和垂直方向的拉力 F_y：

$$F_x=F\times\frac{x}{d}$$

$$F_y=F\times\frac{y}{d}$$

（三）过程描述与代码展示

我们总结一下上面的分析：每过一秒，炮弹的位置 (x, y) 都会改变；改变多少是由水平速度 V_x 和垂直方向速度 V_y 决定的。

- 新的 x = 原来的 $x+V_x\times 1$
- 新的 y = 原来的 $y+V_y\times 1$

每过一秒，炮弹的速度也会发生改变；改变多少是由受到的引力决定的：

- 新的 V_x = 原来的 $V_x + F_x \times 1$
- 新的 V_y = 原来的 $V_y + F_y \times 1$

如图 23-4 所示，炮弹的仿真程序就是在不断重复这两个过程：每一秒重新计算一下水平方向的拉力 F_x 和垂直方向的拉力 F_y，然后用上面的式子计算新的水平速度 V_x 和垂直方向速度 V_y，最后再计算新的位置 (x, y)，移动到新位置之后盖个章就行了。

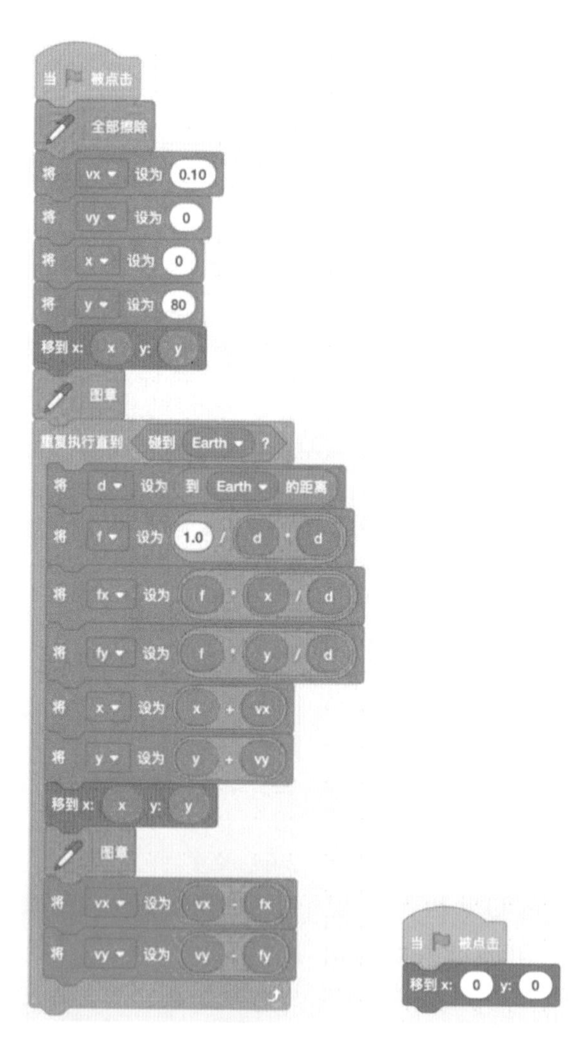

图 23-4 “牛顿的大炮”仿真程序。左侧为炮弹的脚本，右侧为地球的脚本

五、遇到的 bug 及改正过程

bug1：我把炮弹弄得太大了，结果画笔太粗，比地球还粗，导致看不清轨迹。

改正：将炮弹角色缩小就可以了。

bug2：炮弹乱飞，超过 Scratch 舞台的边界，就乱了。

改正：这个不是程序的问题；把炮弹的速度改小一点就好了。

六、实验结果及分析

现在我们运行一下程序，看看随着火药不断增加，速度变大，炮弹轨迹如何变化吧。图 23-5 显示了这个仿真程序的运行结果：

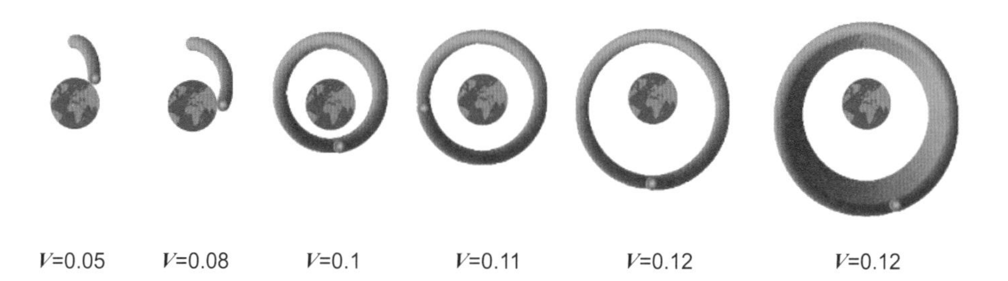

图 23-5　**"牛顿的大炮"仿真程序运行结果。炮弹的初始速度由小变大，其轨迹也发生变化**

1）当炮弹速度等于 0.05 时，轨迹是抛物线，一会儿就落地了。

2）当炮弹速度等于 0.08 时，轨迹还是抛物线，就是走的距离更远了。

3）当炮弹速度等于 0.1 时，轨迹是椭圆；炮弹弯，地面也弯，炮弹不落地，成卫星啦！

4）当炮弹速度等于 0.11 时，轨迹成了圆形，地球是圆心；这是一颗地球同步卫星。

5）当炮弹速度大于 0.12 时，轨迹又变成了椭圆。不过跟上一次的椭圆不同，这次地球偏在椭圆的上半部分。

6）我多运行一会儿，结果发现这个椭圆竟然不断往外扩散，很奇怪！卜老师说这应该是 Scratch 计算的误差；当炮弹发射时，时刻都有引力的作用，不会向外扩散。

七、思考与延伸

其实牛顿并没有拿着大炮去发射，而是在头脑中思考，这样的实验叫“思想实验”。

如果速度一直增大，大炮有可能冲出地球走向太阳系（必须达到宇宙第二速度，即 11.2km/s）；如果再增大将冲出太阳系走向银河系（宇宙第三速度，即 16.7km/s）；如果再增大将会冲出银河系，炮弹不知道绕着哪个星系转了。炮弹在宇宙中乱撞，可就出大事了！如果我们能掌握好发射的力量和角度，它就不会在宇宙中乱撞了，会飞到我们指定的行星去做卫星。

不过引力到底是怎样形成的呢？要是能够设计一种地毯，隔绝重力对我的吸引，我把一路都铺上毯子，就能飞去学校了，那该多好啊！

八、教师点评

“牛顿的大炮”是一个思想实验。牛顿自己并没有带着大炮去山顶开炮；孩子们写程序来仿真，也是一种思想实验。在实验中观察到抛物线先变成椭圆，再变成圆，最后又变成椭圆，孩子们非常兴奋！

在这个实验里，关键之一是“当引力 F 是斜方向的时候，在水平方向的分量 F_x 和垂直方向的分量 F_y 分别是多少呢？”为了避免引入“分量”这些概念，我们带着孩子们用三根弹簧秤做了个补充实验，终于从直观上弄明白了这个问题！

孩子们对引力非常好奇，也有一些自发的思考；可见好奇心是自发萌生的，有时都不用诱导。比如卜文远同学，上三年级的时候就问过“引力怎么来的？能否隔开？为何隔不开？”，甚至还想发明一种“能够隔绝重力的飞行毯”。

这些问题我回答不了，现有的物理学知识还解释不清楚引力的来源。

在这一讲，我们还给孩子们补充了以下的知识点。

（一）如何根据斜方向的拉力 F 计算出水平方向的拉力 F_x 和竖直方向的拉力 F_y？

在这个实验里，关键之一是“当引力 F 是斜方向的时候，在水平方向的分量 F_x 和垂直方向的分量 F_y 分别是多少呢？”为了避免引入“分量”这些概念，我们带着孩子们用三根弹簧秤做了个补充实验，终于从直观上弄明白了这个问题！

做这个实验时，我们让三位小朋友各拉一根弹簧秤：一个弹簧秤斜着拉，模拟地球对炮弹的引力 F；另外两个弹簧秤分别沿着水平方向和垂直方向拉，分别模拟 F_x 和 F_y。孩子们使劲儿拉，还得注意保持钩子交叉点稳定在原点、两个弹簧秤要处于水平和垂直方向。

图 23-6 左图显示一次实验的结果：斜方向、水平方向和垂直方向的弹簧秤读数分别是 F=4.190, F_x=2.485, F_y=3.015。不过直接从这些读数上看不出什么规律，这是因为我们买的弹簧秤精度比较差：两个弹簧秤对头拉，读数竟然不一样！

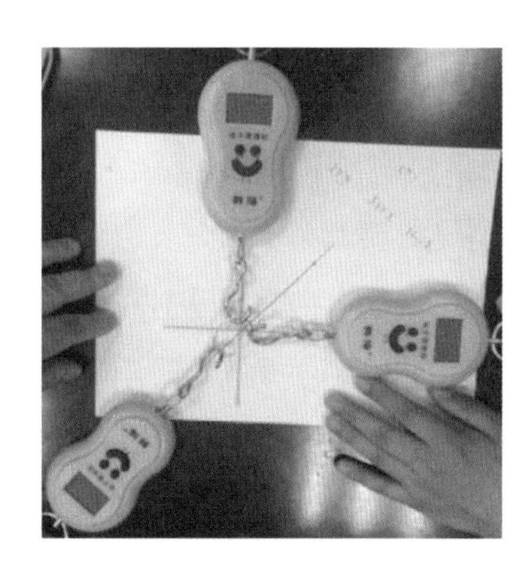

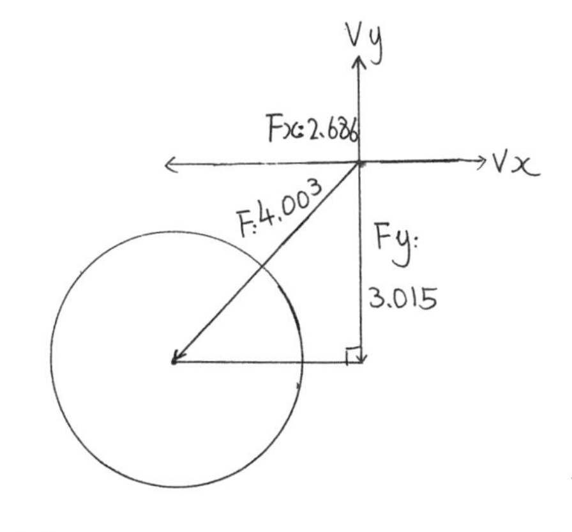

图 23-6　用三个弹簧秤做的斜方向拉力分解实验。左：实验图及原始数值，右：校正后的数值

我们只好以水平方向的弹簧秤为基准，重新校准了一下另外两个弹簧秤，得到了新的数值：F=4.003, F_x=2.686, F_y=3.015。卜文远同学画了一幅图（见图 23-6 右图），这回就看出来规律啦！

$$2.686^2+3.015^2=4.003^2\approx 16.024$$

用符号表示，就是 $F_x{}^2+F_y{}^2=F^2$。这一下子，孩子们立刻就兴奋了：就是勾股定理啊，那肯定是直角三角形啊！

当然了，后面还得说明由力 F, F_x, F_y 组成的直角三角形与由距离组成的直角三角形相似。这超出了孩子们的知识范畴和我们用的弹簧秤的精度，我只能直接提这个结论，没法给出更好的论据来。

（二）平方反比率的推导和背后的原因

平方反比率是由开普勒第三定律推导出来，这一点孩子们上高中时会学到；对平方反比率的一个验证可以通过比较“苹果和月亮”来说明：

扔一个苹果，很容易测出苹果的加速度是 9.8m/s^2，而月亮绕地球做圆周运动，加速度是 0.0027m/s^2，大约是苹果的 1/3600。

从距离来看，月亮到地球的平均距离大约是 384403.9km，而苹果到地心的距离，也就是地球的半径，平均是 6371.4km；这两个距离之比大约是 60。刚才看到了引力之比是 1/3600，而 3600 恰好是 60 的平方啊！

加速度的大小就是引力的大小，因此这能够直观地说明“引力和距离的平方成反比”。在这个推理中需要使用月地距离、地球的半径等数值，这个不用担心，古希腊时代就已经做出了较好的估计了！

孩子们问的另一个问题是“引力为何跟距离的平方成反比”。这个跟“三维空间中球体的表面积与半径的平方成正比”有密切关系，超出了孩子们的知识范畴，在此我只简单一提，以后再详细讲解吧。

值得说明的是，加速度的单位 m/s^2 有些复杂，也超出孩子们的知识范畴；所以我们只介绍概念。孩子们平时听歌都听到过“加速度”这个名词，对这个概念是不陌生的；我们跟孩子们说“加速度，加速度，就是每一秒钟速度会加多少”，这样还是能够理解的。

（三）牛顿和他所在的那个光辉时代

非常需要给孩子们补充的，是一些科学史：牛顿出生于 1643 年；在牛顿出生的前一年，另一位大物理学家伽利略去世，有点儿牛顿接伽利略的班儿的意思。伽利略可不简单：他摒弃了亚里士多德的“纯粹思辨”研究方法、倡导“靠观察和实验”的科学研究方法，因此被称为“现代科学之父”。

按照日本物理学家朝永振一郎的主张：现代科学的出现，可以开普勒在 1618 年提出天体运行三定律为标志，到现在也只有 400 年多一点。牛顿出生的第二年，恰好是清兵入关、明朝灭亡。看来现代科学的萌芽，确实是在明末清初，也只有 400 多年的历史啊！

（四）用更大号的三棱镜重做牛顿的光谱实验

牛顿用三棱镜把白光分解成光谱。不过牛顿用的三棱镜小了点，如果用更大号的三棱镜会出现什么情况呢？物理学家夫琅禾费使用大号的三棱镜，把太阳光分解成更清晰的光谱，结果观察到彩色光谱中会有一些黑色的暗谱线；后来发现这些谱线和太阳表层和地球大气层中的元素相关。

希望孩子们长大后学习到量子力学时，能够想起“大号的三棱镜”来。

第24讲 再论仿真世界：森林里有几只老鼠，几只猫头鹰？

一、实验目的

森林里有繁殖能力超强的老鼠，还有专门吃老鼠的猫头鹰。像图 24-1 中显示的那样，老鼠多了，猫头鹰有了食物，也会变多；猫头鹰一多，吃的老鼠也多，老鼠反而会变少，猫头鹰缺少食物会被饿死；猫头鹰少了，老鼠又会变多……哎呀，好复杂！

那森林里到底有几只老鼠，几只猫头鹰呢？想是想不清楚了，我们写个程序模拟一下，看看老鼠和猫头鹰的数量变化吧！

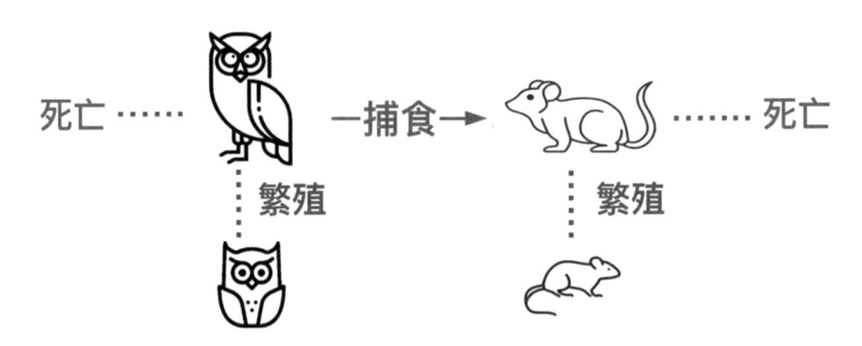

图 24-1　由猫头鹰和老鼠构成的猎物－捕食者系统及各自的繁殖、自然死亡过程

二、背景知识

假设远古时代，黑暗森林纪元元年，森林里有 10 万只猫头鹰，100 万只

老鼠。老鼠和猫头鹰的出生率和死亡率如下：

- 老鼠：繁殖能力超强，第 2 年的数量是第 1 年的 1.1 倍，变成了 100×1.1=110 万只。不过老鼠也有一定的死亡率，因为每 1 万只猫头鹰会吃掉 0.2 万只老鼠，10 万只猫头鹰会吃掉 10×0.2，即 2 万只老鼠。因此第 2 年共有 118 万只老鼠。
- 猫头鹰：寿命不长，死亡率超级高，第 2 年的数量是第 1 年的 0.4，就是变成了 10×0.4=4 万只，但是如果猫头鹰有足够的老鼠当食物的话，会生小猫头鹰，小猫头鹰数量是老鼠数量的 0.3，就是 100×0.3，即 30 万只，这样第 2 年共有 34 万只猫头鹰。

这样一直进行下去，会发生什么事情呢？猫头鹰多还是老鼠多？包若宁的猜测是：猫头鹰的死亡率是 60%，森林里应该很快会没有猫头鹰了啊。傅鼎荃的猜测是：猫头鹰少→老鼠多→猫头鹰多→老鼠少→猫头鹰少，那应该是个“一年多，一年少”的循环啊？

真是“公说公有理，婆说婆有理”，到底谁说的对呢？我们写个程序当裁判吧！

三、基本思路

我们设置两个列表，分别记录老鼠和猫头鹰历年的数量，然后依据今年的猫头鹰和老鼠的数量估计明年猫头鹰和老鼠的数量。比如：

（1）第一年

- 老鼠有 100 万只
- 猫头鹰有 10 万只

（2）第二年

- 老鼠的数量 =(100×1.1) − (10×0.2) = 110−2 = 108（万只）
- 猫头鹰的数量 =(10×0.4) + (100×0.3) = 34（万只）

（3）第三年

- 老鼠的数量 =(108 × 1.1) − (34 × 0.2) = 118.8 − 6.8 = 112（万只）
- 猫头鹰的数量 =(34 × 0.4) + (108 × 0.3) = 46（万只）

（4）其他年份的依次类推。

四、编程步骤

（一）角色设计

- Rat：老鼠。
- Owl：猫头鹰。
- Cat：森林之王，统计森林里动物的数量。

（二）变量设计

- 列表 RatNum：存储老鼠历年的数量。
- 列表 OwlNum：存储猫头鹰历年的数量。
- 列表 RatOwlRatio：存储老鼠和猫头鹰的数量之比。
- t：表示第几年。

（三）过程描述与代码展示

（1）猫头鹰的脚本

猫头鹰收到森林之王发来的“新的一年到了”消息之后，根据上一年猫头鹰和老鼠的数量，计算今年会有多少只猫头鹰（见图 24-2）。

（2）老鼠的脚本

老鼠收到“新的一年到了”消息之后，根据上一年猫头鹰和老鼠的数量，计算今年会有多少只老鼠（见图 24-3）。

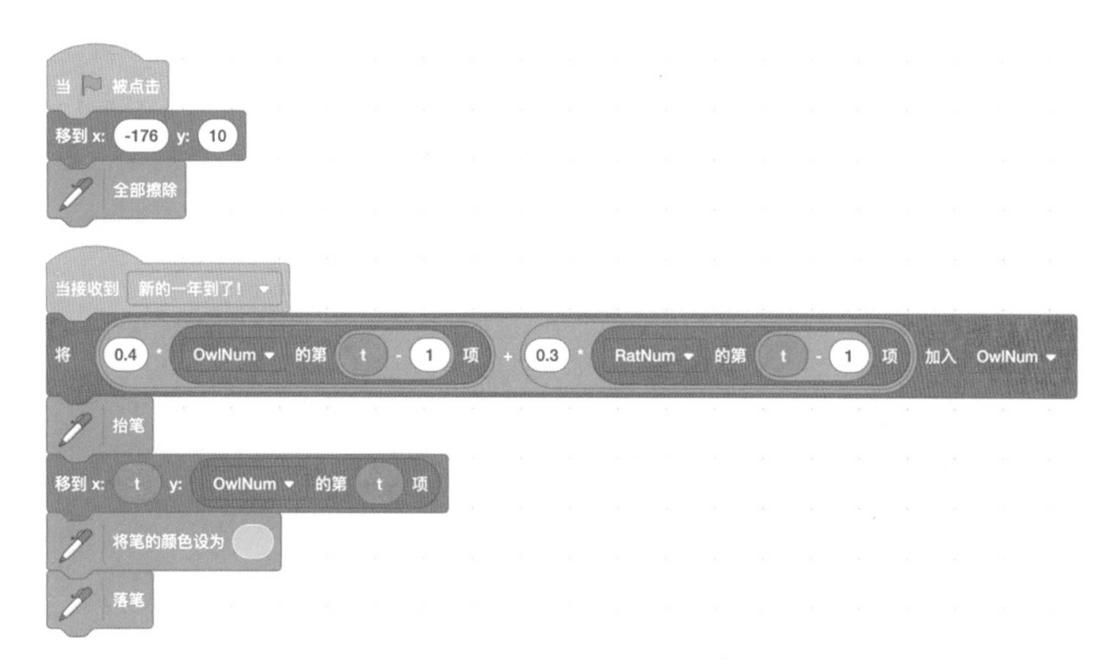

图 24-2　猫头鹰的脚本

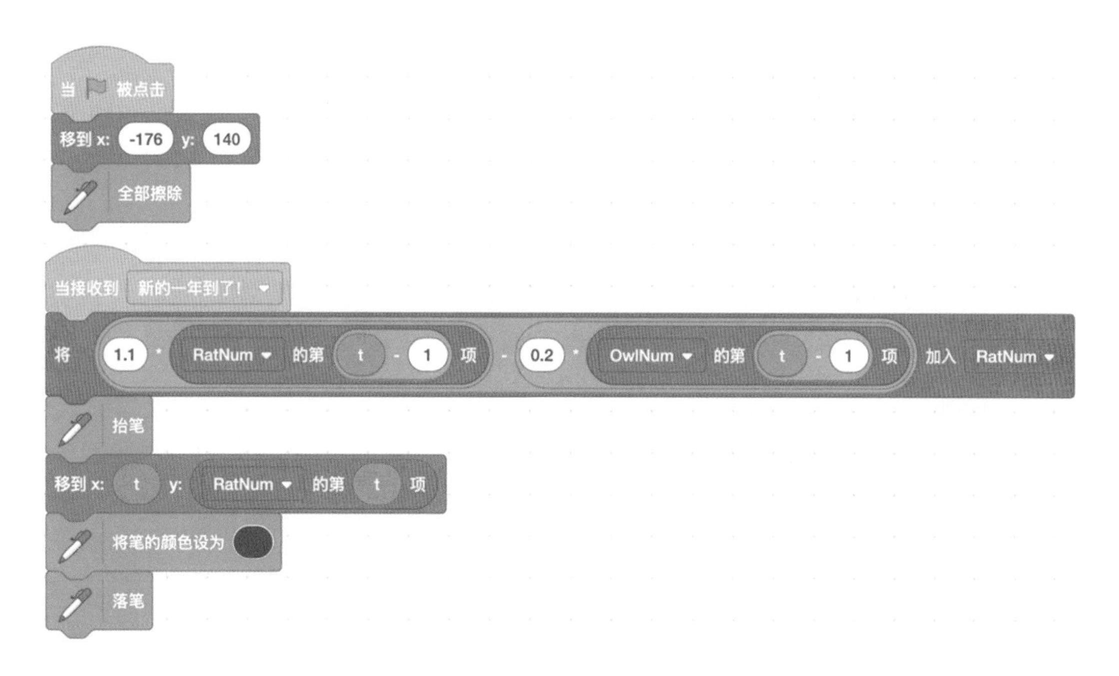

图 24-3　老鼠的脚本

（3）森林之王的脚本

森林之王一开始设置森林里有100万只老鼠和10万只猫头鹰，然后广播“新的一年开始了”消息，等待老鼠和猫头鹰接收到消息之后更新数量，然后计算两者的数量之比，绘图（见图24-4）。

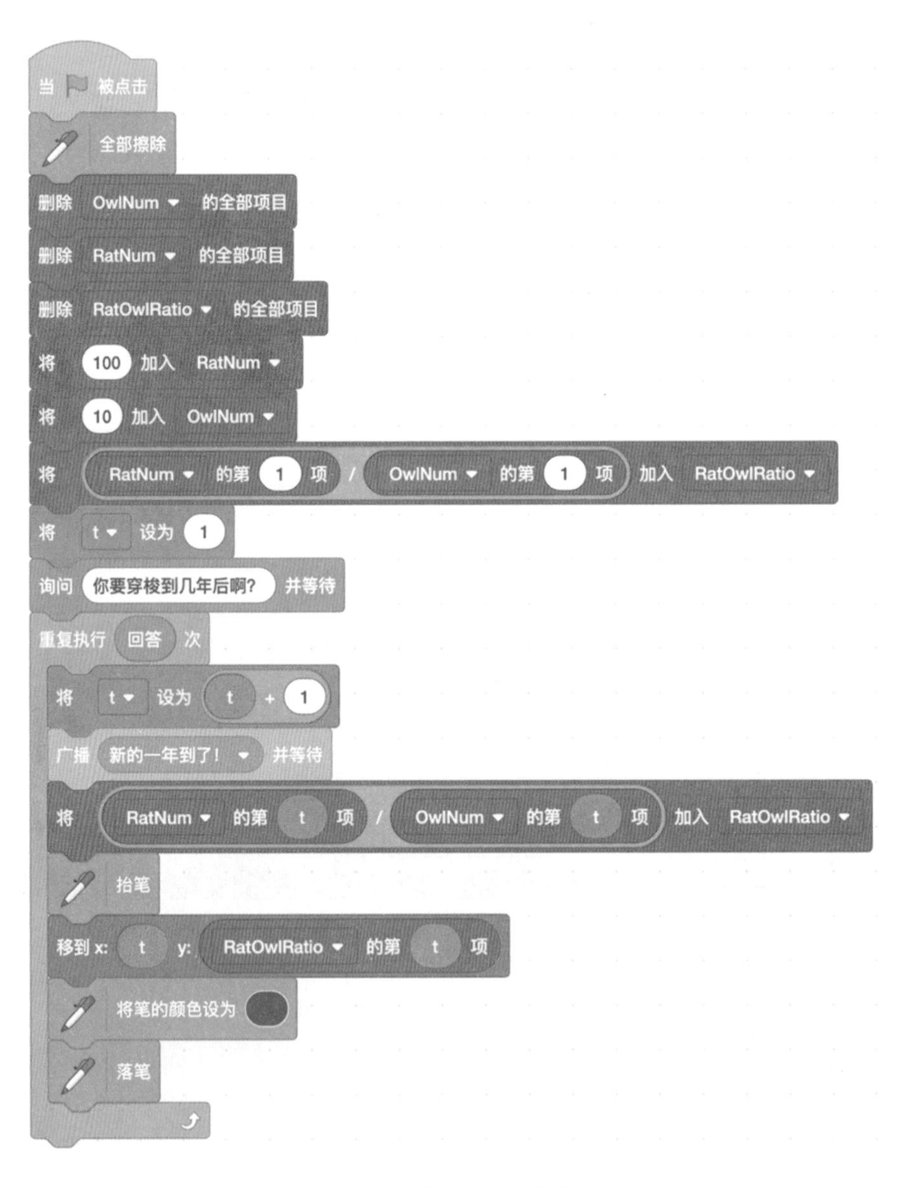

图24-4　森林之王的脚本

五、遇到的 bug 及改正过程

bug：给猫头鹰发消息之后，直接使用猫头鹰的数目 OwlNum，结果为 0（猫头鹰还没来得及算呢）。

改正：加上一个等待时间，比如广播消息之后，等待 0.5 秒，这里直接用“广播消息并等待”。

六、实验结果及分析

从图 24-5 所示的变化曲线，我们可以观察到这样的现象：

- 猫头鹰的数量：猫头鹰的数量从 10 万只开始逐渐增大，从第 10 年就稳定下来，不再变化了，保持在 58 万只。
- 老鼠的数量：和猫头鹰的数量变化类似，老鼠的数量也是从 100 万只逐渐增大，到 46 年的时候就已经平稳不变了，保持在 116 万只。
- 猫头鹰和老鼠的数量之比：老鼠数量增长，猫头鹰数量也增长，最后都稳定下来了。老鼠和猫头鹰的数量之比一开始比较大，是 10，然后迅速下降，等到第 10 年的时候，就下降到了 2 附近，再之后就基本不变了。

数量和比例都稳定下来了，我想这就是自然界的规律吧。

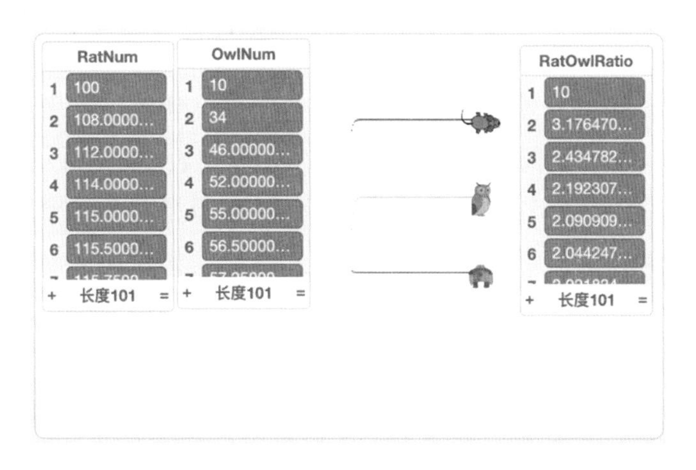

图 24-5　**森林中老鼠数量、猫头鹰数量及其比值的变化情况**

七、思考与延伸

（一）要是第一年只有 50 万只老鼠呢？

刚才是第一年有 100 万只老鼠、10 万只猫头鹰的情况，最后都稳定了。要是一开始只有 50 万只老鼠呢？我们几个人各自运行自己的程序，得到的结果如表 24-1 所示。

表 24-1　森林中老鼠数量、猫头鹰数量及其比值的变化情况（初始时有 50 万只老鼠）

实验者	老鼠数量	猫头鹰数量	比值
张秦汉	56	28	2
傅鼎荃	56	28	2
包若宁	56	28	2
卜文远	56	28	2
魏文珊	56	28	2

我们四个人得到的结果都一样：老鼠数量稳定在 56 万只，猫头鹰数量是 28 万只，比值还是 2，跟第一年 100 万只老鼠的时候一模一样。

（二）假如 1 万只猫头鹰每年吃掉 0.1 万只老鼠呢？

刚才我们假设 1 万只猫头鹰每年吃掉 0.3 万只老鼠，要是猫头鹰吃得少一点，每年吃掉 0.1 万只老鼠呢？我们模拟的结果如表 24-2 所示。

我们可以看出，虽然初始的老鼠数量不同，但是最后得到的比值都是一样的，而且和上面两种情况是差不多的，是 2.18，只差了 0.18。

表 24-2　森林中老鼠、猫头鹰数量及其比值变化情况（假设 1 万只猫头鹰每年吃掉 0.1 万只老鼠）

实验者	初始老鼠数量	老鼠最后的数量	猫头鹰数量	比值
张秦汉	100	20636	9464	2.18

（续）

实验者	初始老鼠数量	老鼠最后的数量	猫头鹰数量	比值
傅鼎荃	50	9636	4658	2.18
包若宁	50	10157	4658	2.18
卜文远	100	20636	9464	2.18

（三）假如 1 万只猫头鹰每年吃掉 0.2 万只老鼠呢？

从模拟结果我们可以看出，猫头鹰数目都是 0.1008，老鼠数目也差不多都是 0.057，比值都是 1.767。

看来猫头鹰的饭量越大，最后老鼠跟猫头鹰数量的比值越小，这个倒是正常的。不过当猫头鹰的饭量是 0.2 的时候，最终的比例虽然稳定，但是无论是老鼠还是猫头鹰都很少，快灭绝了（见表 24-3）。

当然，我们还可以改变老鼠、猫头鹰的繁殖速度，看看会发生什么情况；或许傅鼎荃猜测的“一年大、一年小”的情况会发生呢！

表 24-3　森林中老鼠、猫头鹰的数量及其比值变化情况（假设 1 万只猫头鹰每年吃掉 0.2 万只老鼠）

实验者	初始老鼠数量	老鼠最后的数量	猫头鹰数量	比值
张秦汉	100	0.1008	0.057	1.767
卜文远	100	0.1008	0.057	1.767

八、教师点评

森林里的老鼠和猫头鹰是一个典型的“猎物 - 捕食者”动力学系统。孩子们目前当然不必知道“动力学”这样高深的名词，只需要知道“从上一年的数量能够算出下一年的数量”就足够了。

孩子们变换不同的参数，观察到这样的现象：老鼠、猫头鹰的数量之比和第一年的数量是没有关系的，只跟老鼠、猫头鹰的繁殖率，以及它们之间的捕食有关系。

孩子们做的实验里，老鼠、猫头鹰的数量之比最终都会稳定下来，那会不会出现傅鼎荃猜想的“一年大、一年小”这种波浪形呢？会的！我们改变老鼠的繁殖率，是会观察到这种现象的。一个有名的案例，就是卢卡斯书中写的加拿大山猫－雪兔的数量变化，的确是周期性的。这幅图可以从这个网址找到：https://upload.wikimedia.org/wikipedia/commons/thumb/5/5b/Milliers_fourrures_vendues_en_environ_90_ans_odum_1953_en.jpg/880px-Milliers_fourrures_vendues_en_environ_90_ans_odum_1953_en.jpg。

美国 C. Lay 教授写的名著《线性代数及其应用》里讲到矩阵特征值时，就是用的老鼠－猫头鹰这个捕食系统作为第一个例子。张秦汉小朋友对“猫头鹰－老鼠”这个问题非常感兴趣，一直想弄明白为什么最后会稳定，什么时候才会“一年大、一年小”。这些问题留给他以后去证明吧。

第25讲 博弈初探：会下 tic-tac-toe 棋的阿尔法小狗

一、实验目的

我们平时老说“阿尔法狗”，它可不是一条狗，而是一个计算机程序，名字叫 AlphaGo，“阿尔法狗”是它的音译。这个程序会下围棋，而且非常厉害，是第一个击败人类职业围棋选手、第一个战胜围棋世界冠军的程序。

这个程序怎么那么厉害呢？卜老师告诉我们阿尔法狗用了很多人工智能技术，包括神经网络、智能搜索等。

我们现在还不会用 Scratch 写神经网络，做不了阿尔法狗，就先写一个简单的会下 tic-tac-toe 棋的“阿尔法小狗”吧，等我们长大了再写会下围棋的阿尔法大狗。

二、背景知识

（一）什么是 tic-tac-toe 棋游戏？

tic-tac-toe 棋又叫“井字棋”（见图 25-1），因为棋盘有两横两竖，像个“井”字，也叫“○ × 棋”，因为共有两种棋子，一种是○，另一种是 ×。

这个棋的规则是这样子的：

- **棋盘**：我们在纸上画个“井”字，横着两道线、竖着两道线，共分成 9 个格子。

- **棋子**：设置两种棋子，一种是○，一种是 ×；我们规定让拿 × 的棋手先下。
- **走法**：两人轮流走子，要把棋子放到格子里，而不是像下围棋一样放在交叉点上。
- **胜负**：一方有 3 枚棋子占据了同一行、同一列，或者一条对角线，就算胜利。

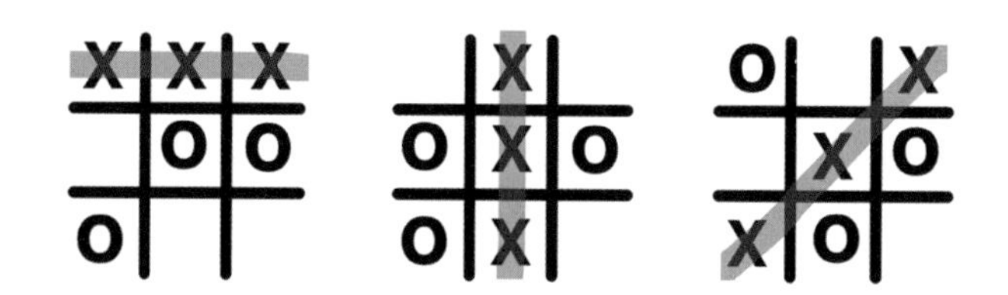

图 25-1　tic-tac-toe 棋的棋盘、棋子和输赢规则

（二）人是怎样下棋的？

tic-tac-toe 棋这个游戏很多小朋友都玩过。我们来回想一下是怎样玩的：假设对手拿 ×，第一手先下到中心格子；我们拿○，该怎样下呢？还有 8 个格子，在哪里落子赢面最大呢？这里的赢面，就是“赢的可能性”的意思。我们用一个分数表示赢面的大小，分数越大，赢的可能性就越大；分数越小，赢的可能性就越小。

在图 25-2 所示的例子中，下在左上角赢面是 2 分，下在上面中间格子的赢面是 1 分，……，下在右下角赢面是 2 分，那么我们第 2 手肯定下在赢面最大的格子，就是 1 号位或 9 号位。

那关键就是对每一种可能的尝试都算出来一个“赢面”大小来了。不同的人下棋之所以不一样，就是大家对棋局的“赢面是多少”所持的看法不一致。

我们下棋的时候，判断某种走法的赢面主要靠下面两种方法：

- **凭直觉**：有时候我们就是凭经验、凭直觉，觉得就是下在哪里好，根本说不清楚道理，有时候就是蛮不讲理。
- **靠尝试**：我们还可以尝试，就是试着把 O 下到左上角，然后思考对手会怎么走，再试着把 O 下到其他位置，思考对手会怎么走。

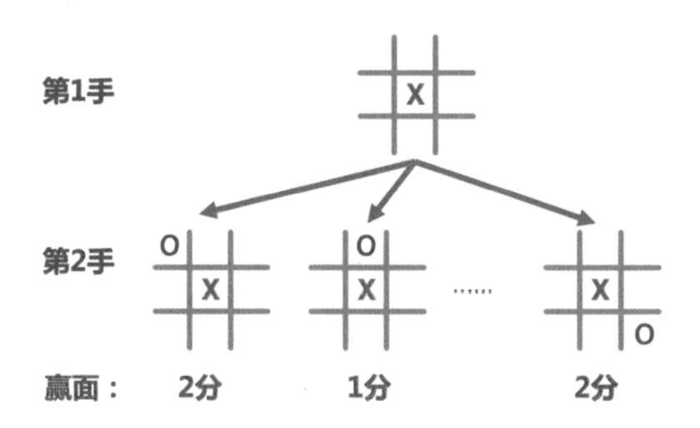

图 25-2　下 tic-tac-toe 棋时第 2 手的 8 种选择及其赢面示例

三、基本思路

（一）阿尔法小狗怎样表示棋局？

下棋的时候，双方在不同的格子里落子，形成的棋局千变万化。怎么样在程序里表示出来，好让计算机能明白呢？

我们首先对棋盘的格子进行编号：第一行三个格子是 1，2，3 号，第二行是 4，5，6 号，第三行是 7，8，9 号；然后，我们用一个包含 9 个整数的列表表示每个格子上到底被谁占据：如果是被阿尔法小狗占据，列表中对应的整数项就是 1，被玩家占据就是 -1，没被占据就是 0。

以图 25-3 所示的棋局为例，1 号格子被玩家占据，用 -1 表示；2 号格子是空的，用 0 表示，其他格子依次类推，最后形成一个列表 [-1, 0, 1, 0, 1, 0, 0, 0, 0]。这是卜老师为我们设计的表示方法；这样表示的好处一会儿写程序时就知道了。

（二）阿尔法小狗怎样判断下在哪里赢面大呢？

阿尔法小狗第 2 手有 8 种可选的位置，哪一种下法赢面最大呢？

以图 25-4 中阿尔法小狗尝试走 1 号位为例（见图 25-4 左侧），小狗会这样想：如果我下在 1 号位的话，第 3 手玩家有 7 种应对方法（下在 2, 3, 4, 6, 7, 8,

9 号位)；玩家肯定会下他“最厉害的招数”，让我赢不了。

图 25-3　棋局示例，表示成列表 [−1, 0, 1, 0, 1, 0, 0, 0, 0]

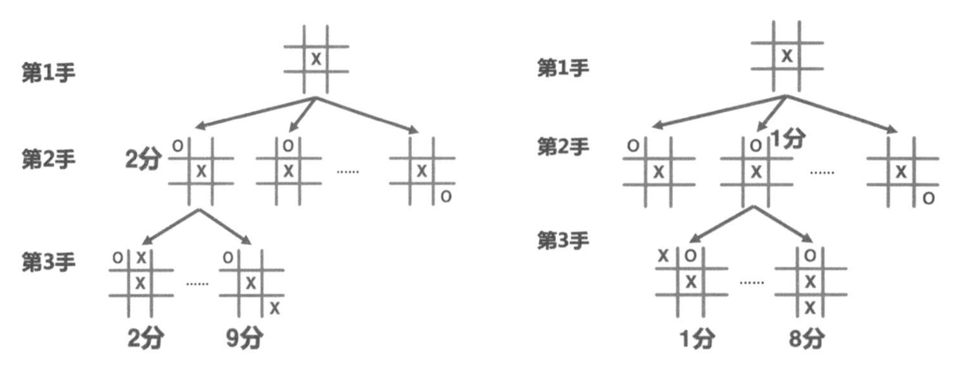

图 25-4　玩家第 3 手肯定选择最厉害走法的两个例子

假如我们能够给棋局一个打分，表示“这个棋局对阿尔法小狗是有利还是不利”，分数越高表示对小狗越有利、对玩家越不利，分数越低表示对玩家越有利、对小狗越不利。这样的话，阿尔法小狗枚举第 3 手玩家的所有 7 种走法，每一种走法都打了一个分数，玩家“最厉害的走法”就是选打分最低的走法。

比如玩家第 3 手走 2 号位，阿尔法小狗对棋局的评分是 2 分；玩家走 9 号位的话，棋局评分是 9 分。那么玩家肯定走 2 号位，这样给阿尔法小狗造成的困难最大。因此，阿尔法小狗“第 2 手尝试走 1 号位”的赢面是 2 分，也就是第 3 手所有棋局评分的最小值。

小朋友们，这个地方有点儿绕，你看明白了吗？要是还觉得困惑的话，咱们再看一个例子吧，如图 25-4 右侧所示。

- 假如第 2 手阿尔法小狗尝试走 2 号位，玩家第 3 手也是有 7 种应对走法（走 1, 3, 4, 6, 7, 8, 9 号位）。
- 阿尔法小狗枚举这 7 种走法，每一种棋局都给一个评分，比如玩家走 1 号位打 1 分，玩家走 8 号位打 8 分。

这样玩家肯定走他最厉害的走法，就是走 1 号位。因此，阿尔法小狗“第 2 手尝试下在 2 号位”的赢面是 1 分。

（三）阿尔法小狗怎样下棋呢？

阿尔法小狗会计算棋局评分和赢面之后，下棋就简单了，就是不断执行这两步：

（1）算第 3 手的棋局评分的最小值

对第 2 手的每一种尝试，都枚举玩家第 3 手的可能走法，然后计算出棋局评分，找出最小值来，就是“玩家最厉害的走法”；这个最小棋局评分就是阿尔法小狗这种尝试的“赢面”。

（2）算第 2 手的赢面的最大值

阿尔法小狗对每一种尝试都算出“赢面”来，最后按赢面最大的走法下棋就行了。

如图 25-5 所示，下棋就是“一步算最小、一步算最大”，很有规律吧？

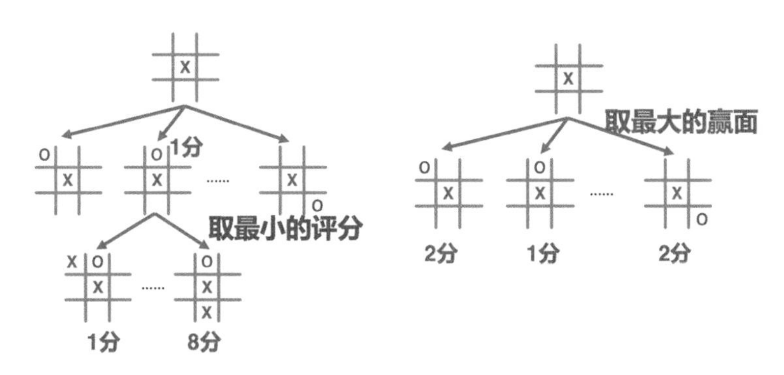

图 25-5　下棋的“最小最大”过程：尝试第 2 手的每一种情况，在第 3 手所有的玩家应对中选择最小的评分，作为第 2 手的赢面；然后在第 2 手所有的可能下法中选择赢面最大的下法

（四）阿尔法小狗怎样对棋局进行评分呢？

tic-tac-toe 棋游戏中判断输赢的标准是看行、看列、看对角线，那阿尔法小狗也这样对棋局评分吧？我们以一行作为例子，对一列、一条对角线的打分都进行同样的处理。

1）如果一行都被阿尔法小狗占据了，那么玩家输，阿尔法小狗赢，加 100 分。

2）如果一行都被玩家占据了，那么玩家赢，阿尔法小狗输，加 -100 分。

3）如果一行有 2 个格子被阿尔法小狗占据，有 1 个空格，那么这个棋局对阿尔法小狗特别有利，加 50 分。

4）如果一行有 2 个格子被玩家占据，有 1 个空格，那么这个棋局对玩家特别有利，减 50 分。

5）如果一行有 1 个格子被阿尔法小狗占据，1 个格子被玩家占据，还有 1 个空格，那么这个棋局阿尔法小狗和玩家势均力敌，加 0 分。

6）如果一行有 1 个格子被阿尔法小狗占据，有 2 个空格，那么这个棋局对阿尔法小狗略微有利，咱们少加点分，我加的是 10 分。

7）如果一行有 1 个格子被玩家占据，有 2 个空格，那么这个棋局对玩家略微有利，我加的是 -10 分。

不过我得说明一下：我们人们下棋或者看棋的时候，说一个棋局赢面是大还是小，总是“公说公有理，婆说婆有理”，有时候还一言不合吵起架来。看来不容易设计出一个大家都满意的棋局评分来，所以你可以设计一个你觉得比较合适的棋局评分，咱们不用吵架，直接比比看，看谁的狗厉害就好了。

（五）阿尔法小狗要“深谋远虑”还是“目光短浅”？

刚才阿尔法小狗第 2 手尝试每一种走法，然后只考虑玩家第 3 手的应对，是一只“目光短浅”的阿尔法小狗。平时父母长辈们总是告诫我们要“深谋远虑”，不要“目光短浅”。那能不能让阿尔法小狗“深谋远虑”呢？

要想赢棋，不能只思考对手第 3 手怎么走，还得考虑我第 4 手怎么应对，对手第 5 手怎么走，我第 6 手怎么应对……想得越深、越全面，赢棋的把握越大。这是古语说的“多算胜、少算不胜”，还有“深谋远虑”。“深谋远虑”型阿尔法小狗是这样考虑问题的（见图 25-6）：

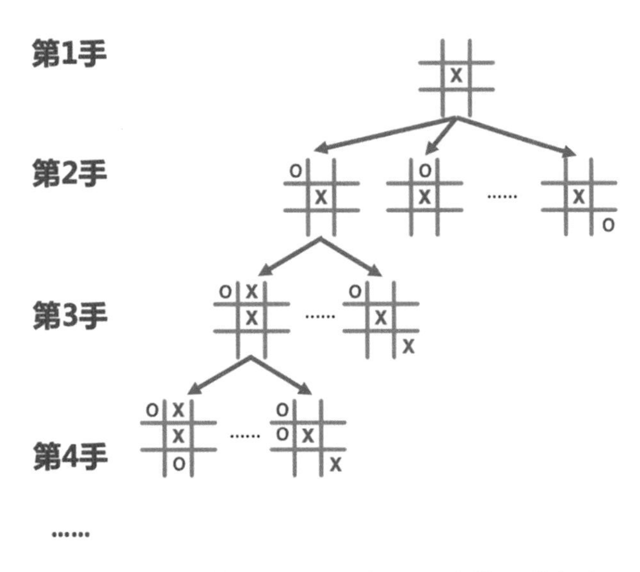

图 25-6　“深谋远虑”型阿尔法小狗的下棋方法

可是这样的话，阿尔法小狗得枚举多少次呢？我们来算算看吧：

假如玩家先下，占据了一个格子，剩下还有 8 个格子可以让阿尔法小狗下；假如阿尔法小狗尝试下在一个格子里，剩下还有 7 个格子可以让玩家下。这样不断重复下去，总共可能的下棋过程有 $8\times7\times6\times5\times4\times3\times2\times1=5760$（种）。让阿尔法小狗考虑这么多种可能的情况，真是要累死小狗了。

看来要让阿尔法小狗“深谋远虑”的话，也得适可而止啊。卜老师带我们写的这个阿尔法小狗，就是一只“目光短浅”型小狗；要写一只“深谋远虑”型小狗，下 tic-tac-toe 棋的话普通计算机或许够用。卜老师说对围棋那样复杂的棋类游戏来说，枚举算法再大的计算机也吃不消，必须想办法“枚举 + 剪枝”。阿尔法大狗就是想办法尽可能地对搜索树进行剪枝。

四、编程步骤

（一）角色设计

- 阿尔法小狗：我选了 Scratch 自带的角色 Dot，就是一只小狗。
- 玩家：我选了 Scratch 里的小孩 Monet。
- 裁判：随便选了一个人物角色。

（二）变量设计

- 几号位的 x 坐标：这是一个列表，保存 1～9 号位的 x 坐标，是画棋盘时用的。
- 几号位的 y 坐标：这是一个列表，保存 1～9 号位的 y 坐标，是画棋盘时用的。
- “棋局”列表：这是一个有 9 个数据项的列表，分别表示每个位置被谁占据。如果一个位置被阿尔法小狗占据，对应的数据项就是 1；被玩家占据，对应的数据项就是 -1；没被任何人占据，就是 0。
- 棋局的评分：记录阿尔法小狗对棋局的评分。
- 阿尔法小狗的尝试：记录阿尔法小狗尝试在几号位下子。
- 阿尔法小狗尝试的最大赢面：记录阿尔法小狗所有尝试里赢面的最大值。
- 玩家走子的尝试：记录玩家尝试在几号位下子。
- 玩家最厉害走法的打分：记录玩家所有可能下法中最厉害下法的打分。
- 三子之和：无论是一行、一列，还是一条对角线，都有 3 个子。我们记录棋局列表中对应的三个数据项之和，可以比较方便地判断是哪种情况。一会儿举例子就可以看清楚了。
- 玩家先走吗：一开始随机确定是阿尔法小狗先走还是玩家先走。

（三）过程描述与代码展示

（1）裁判的主程序

一开始，裁判宣布“人机大战开始了”，然后就画棋盘；然后广播“请玩家走棋”消息，通知玩家走棋，广播“请阿尔法小狗走棋”消息，通知阿尔法小狗走棋。每走完一步，就判断一下是否已经确定输赢了（见图 25-7）。

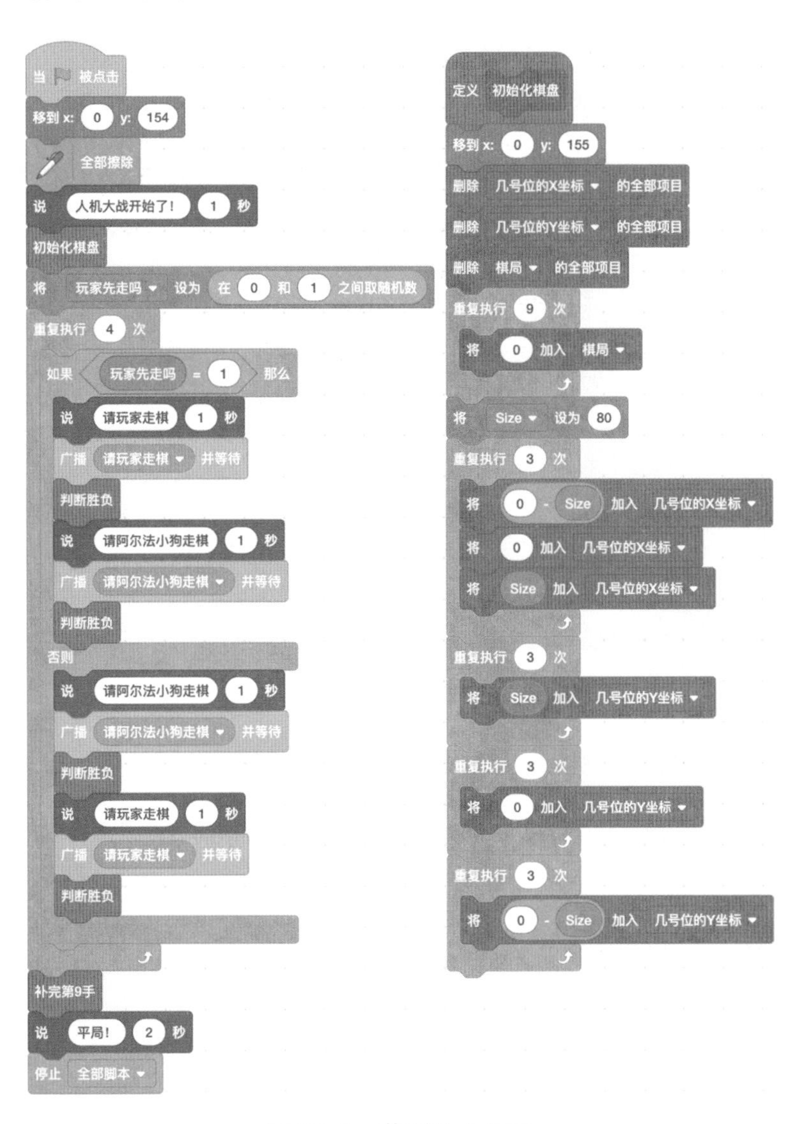

图 25-7　裁判的主程序

裁判判断胜负，就是一行一行看，如果都被阿尔法小狗占据，则判定小狗胜；如果都被玩家占据，则判定玩家胜。然后再看三列，看两条对角线。比如第 1 行就是“棋局的第 1 项、第 2 项、第 3 项”，第 1 列就是“棋局的第 1 项、第 4 项、第 7 项”。这很容易理解（见图 25-8）。

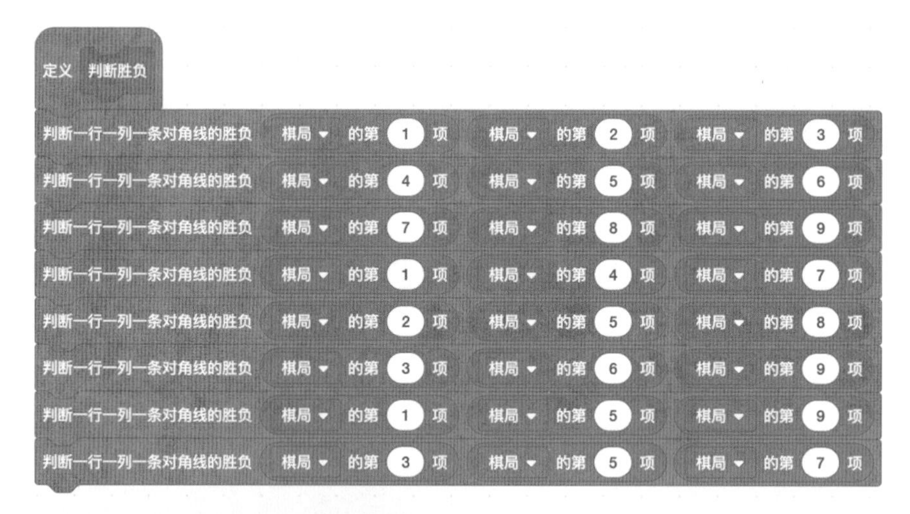

图 25-8　**裁判判断胜负的程序**

（2）玩家的主程序

玩家的程序很简单：收到“请玩家走棋”消息时，询问玩家在哪里落子，然后把棋局列表中的数据项改成 −1 即可（见图 25-9）。

```
当接收到 请玩家走棋
询问 咱们在哪儿落子? 并等待
将 玩家下子 设为 回答
如果 棋局 的第 玩家下子 项 = 0 那么
    将 棋局 的第 玩家下子 项替换为 -1
    移到 x: 几号位的X坐标 的第 玩家下子 项 y: 几号位的Y坐标 的第 玩家下子 项
    图章
    移到 x: -223 y: 0
否则
    说 这个地方已经有子了，请重新输入! 1 秒
    广播 请玩家走棋 并等待
```

图 25-9　**玩家的主程序**

（3）阿尔法小狗的主程序

阿尔法小狗收到“请阿尔法小狗走棋”消息时，计算最优的落子，把棋局中最优落子对应的项改成 1（见图 25-10）。

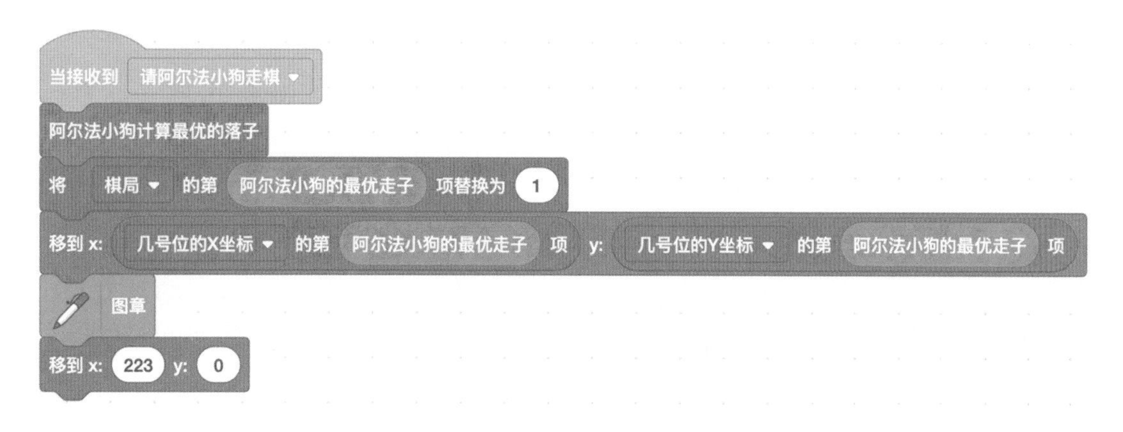

图 25-10　**阿尔法小狗的主程序**

那阿尔法小狗怎样计算最优的落子呢？小狗得枚举所有可能的尝试，对每一种尝试再往前看一步，猜测玩家最厉害的应对（见图 25-11）。

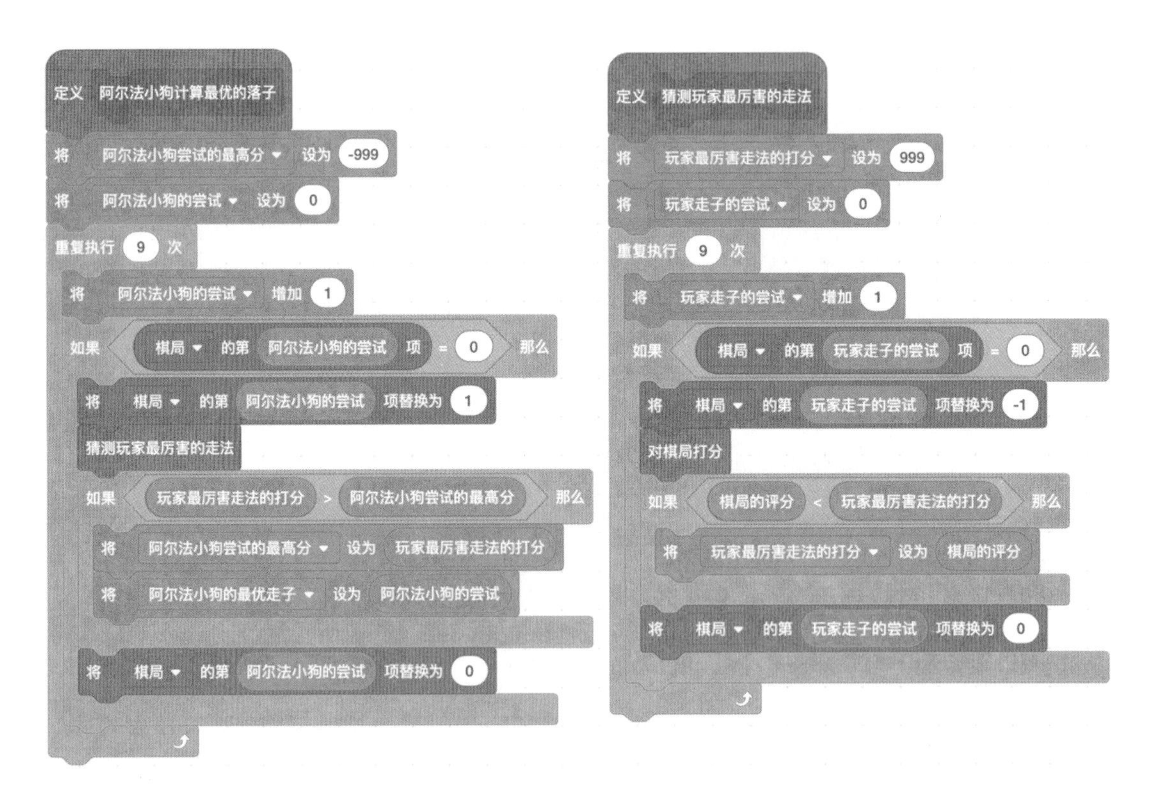

图 25-11 **阿尔法小狗计算最优落子、猜测玩家最厉害的走法**

阿尔法小狗对棋局打分，是按照行、列和对角线来分别打分，最后把所有行、列、对角线的打分加起来（见图 25-12）。

在对一行、一列或者一条对角线打分时，卜老师设计了一个简洁的方法：先算一行、一列或一条对角线上三个格子里的数字之和。这个“三格数字之和”能够大大减少枚举棋局的次数（见表 25-1）。然后，根据三格数字之和对一行、一列或者一条对角线打分。最后，把所有行、所有列、所有对角线的打分累加起来，就是棋局的打分（见图 25-13）。

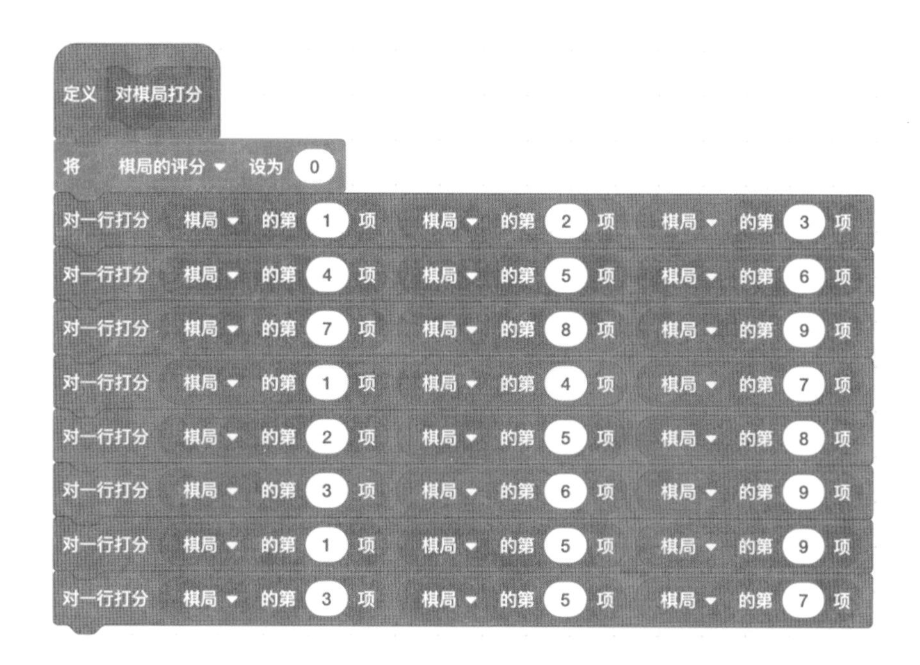

图 25-12　**阿尔法小狗对棋局打分的程序**

表 25-1　一行、一列或者一条对角线上三格数字之和的 7 种取值

三格数字之和	可能的情形
3	三个格子都被阿尔法小狗占据，阿尔法小狗胜利
2	两个格子都被阿尔法小狗占据，阿尔法小狗占优势
1	一个格子被阿尔法小狗占据，还要继续走
0	没有格子被阿尔法小狗占据，还要继续走
−1	一个格子被玩家占据，小心一点
−2	两个格子被玩家占据，得把它堵上
−3	三个格子都被玩家占据，玩家胜利了，唉

我们只挑两种情况详细讲一下吧。

1）三格数字之和等于 1：这时候还有两种可能，一种是 1 狗 2 空，另一种是 2 狗 1 人，还得再细分一下（见图 25-14）。

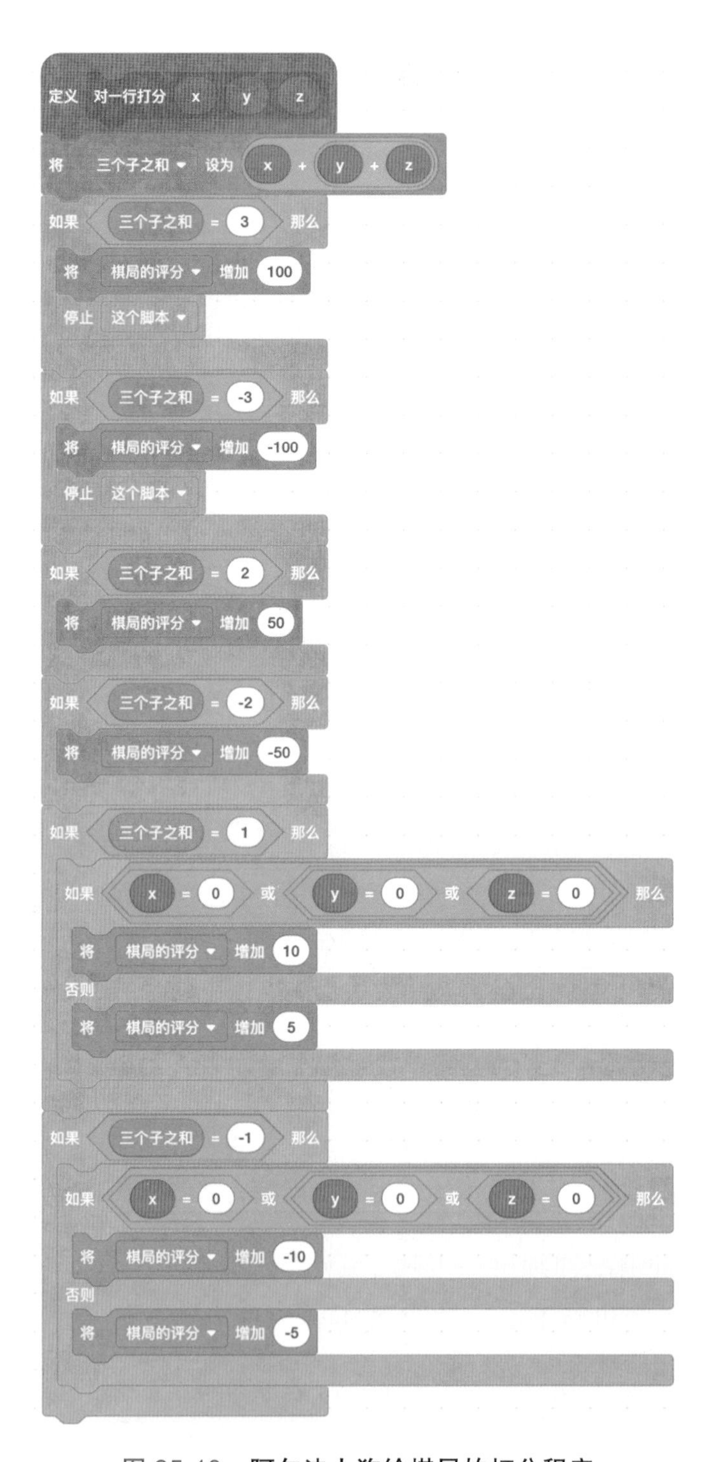

图 25-13　**阿尔法小狗给棋局的打分程序**

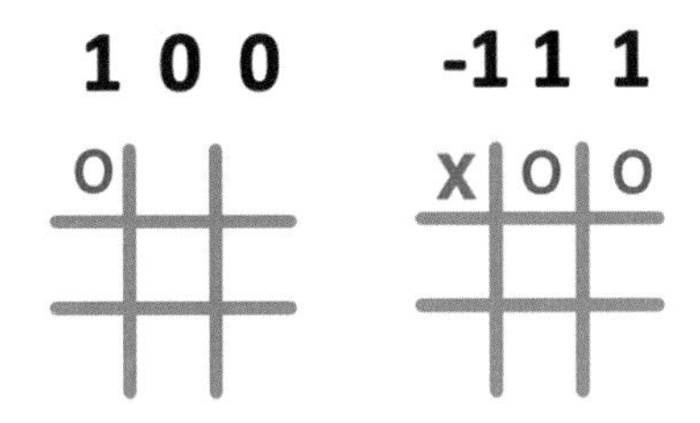

图 25-14 三格数字之和等于 1 的两种情形

2）三格数字之和等于 0：这时也有两种可能，一个是 1 狗 1 人 1 空，另一个是 3 空，所以也得再细分一下（见图 25-15）。

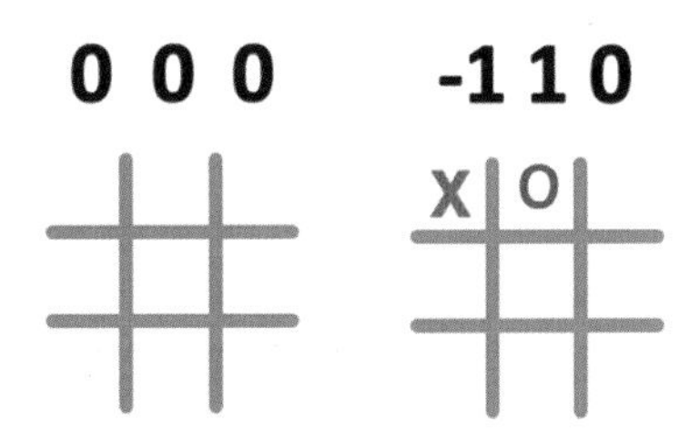

图 25-15 三格数字之和等于 0 的两种情形

五、遇到的 bug 及改正过程

bug1：写错列表。在这里我一定要强调一下这个 bug，因为我被这个 bug 坑了太多次了，就像是你复习了好久，可是都没及格！

改正：不能马虎！

bug2：忘记保存程序。就像好不容易用零花钱买了一个 iPad，结果第一天就摔坏了！

改正：每写一段程序就保存一次。

六、实验结果及分析

下面是我和阿尔法小狗“人狗大战”的对局过程。我走先手，走 3 号位；阿尔法小狗算出来走 5 号位赢面最大，就走了 5 号位（见图 25-16）。

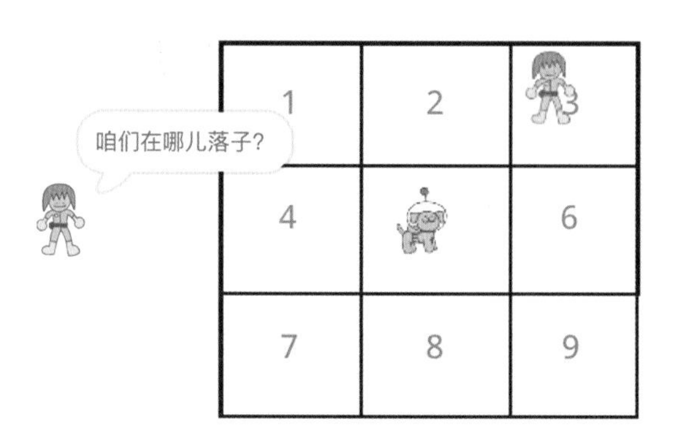

图 25-16 **“人狗大战”对局过程：第一手**

接下来我走 2 号位，想把第 1 行连成一条线，就赢了。可是阿尔法小狗很聪明，马上算出来它得走 1 号位，堵上了，让我连成一条线的梦想破灭了（见图 25-17）。

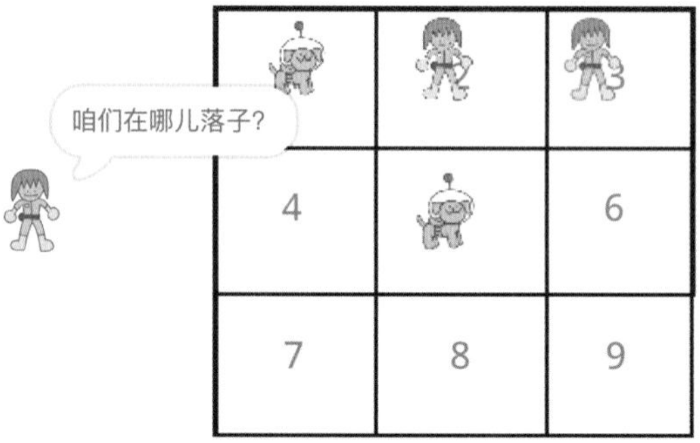

图 25-17 **“人狗大战”对局过程：第二手**

危险！我得赶紧走 9 号位，要不然小狗连成一条对角线就赢了。这时阿尔法小狗走了 6 号位（见图 25-18）。

再次危险！我不得不走 4 号位，堵上阿尔法小狗所在的第 2 行空位（见图 25-19）。阿尔法小狗算出来最优走子是走 7 号位，那我只有 8 号位 1 个格子可以走了。平局收场！

这只阿尔法小狗还是挺聪明的嘛！我们好几个人都没下过它。直到一年以后，新来的小 SIGMA 李济杉小朋友偶然发现了一种下赢阿尔法小狗的方法。你也试试吧？

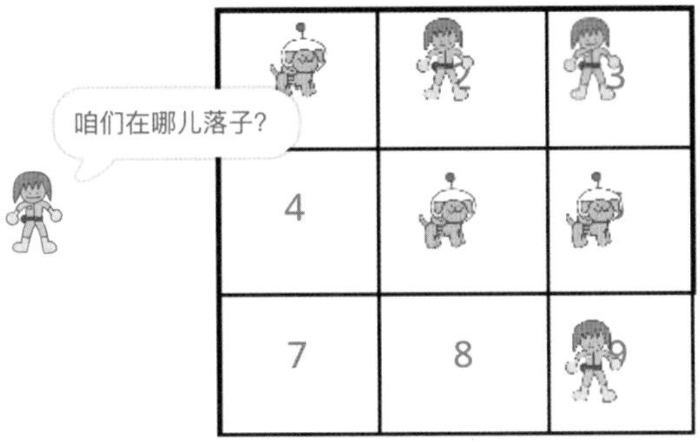

图 25-18　“人狗大战”对局过程：第三手

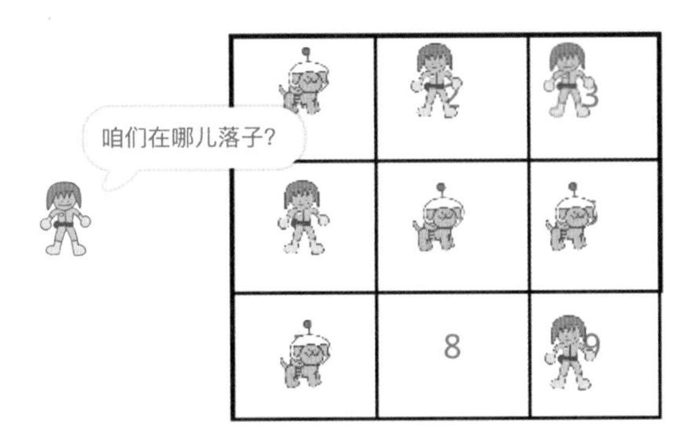

图 25-19　“人狗大战”对局过程：第四手

七、思考与延伸

（一）怎样让阿尔法小狗变聪明？

让阿尔法小狗变聪明的办法有两种：第一种是你的程序有 bug，你要改 bug；第二种是对局面的打分方法不好，你要改打分方法。

比如我程序中的 bug 是我写错了列表导致，那么小狗会很傻，老是走错的位置。当方法不对时会和 bug 不太一样，比如当阿尔法小狗一行已经占据两格的时候，再占一格就胜利了，可是方法不对的阿尔法小狗会自己走自己的，根本不在意已经有两个格了。

（二）新玩法："狗狗大战"

如果有多个人一起学的话可以来一场"狗与狗的对决"，也就是把你的玩家走你的伙伴的狗走的位置。比如说A是你的玩家，而B是你的伙伴的狗，B走到了5号格子，那A就得走到5号格子，之后你的狗就会走到一个位置，而你伙伴的玩家就得走到你的狗走的那个位置。这样就有了一个狗与狗的对决。

比如说，我和小A进行了一场比赛，第1场比赛是我输了之后，我通过检查程序发现我的程序有问题，第2场比赛我们战平了，第3场比赛我们又战平了。理论上说，如果有一个人的狗战败了，那么说明你的狗存在一个bug，或者你的方法不对。

八、教师点评

AlphaGo是这个世纪计算机科学领域最重要的进展之一，它使用的一系列技术，比如Monte Carlo树搜索、强化学习等，是非常值得重视和学习的。

我们一直想带孩子们领略博弈的奥秘。真正的阿尔法狗太复杂了，于是我们设计了一个会下tic-tac-toe棋的Scratch程序。事实上，这个程序也非常复杂，比如里面的"最大－最小"算法，理解起来不容易。我们教了3次课，才带着孩子们写完。

另一个想让孩子们领会的还是"枚举＋剪枝"这个思想：枚举的好处是考虑周全，但是如果简单地枚举所有落子的话，又会导致运算量太大。因此只枚举那些重要的，把不重要的"剪"掉，这是我们希望孩子们能够领会的。

孩子们掌握得还不错：2021年5月22日，小SIGMA数学特别兴趣组7位小朋友参加了中科院计算所的"公众科学日"活动，上台表演了如何用Scratch编程实现一只阿尔法小狗。孩子们在300位现场观众的注视下，在台上编程实现阿尔法小狗，这次活动还由知乎课堂线上转播，有35万人收看（见图25-20）。

图 25-20　小 SIGMA 数学特别兴趣组的小朋友参加“公众科学日”活动，现场编程实现阿尔法小狗，并完成“人狗大战”和分组“狗狗大战”玩法

幸好我们事先准备充分，现场编程出了 bug，也顺利 debug 了。最后还分成两个战队，每队用不同的棋局打分，比比谁的小狗厉害！能够完成现场编程和讲解，表明孩子们基本上掌握了博弈的入门知识。

孩子们写程序实现的阿尔法小狗功能比较简单，而那只会下围棋的阿尔法狗就复杂多了：围棋共有 361 个位置可以下子，所以要枚举的情况非常多，可能的棋局形成的树非常大。那阿尔法狗怎样做到又快又好地搜索这棵树呢？它还是用了“枚举 + 剪枝”这个思想，具体包括下面几个诀窍：

（一）阿尔法狗的诀窍之一：控制树不能太高

阿尔法狗用了一个打分神经网络，直接算出来每种尝试的赢面是多大，这样减少了模拟对局的次数，从而使得树不会太高（见图 25-21）。

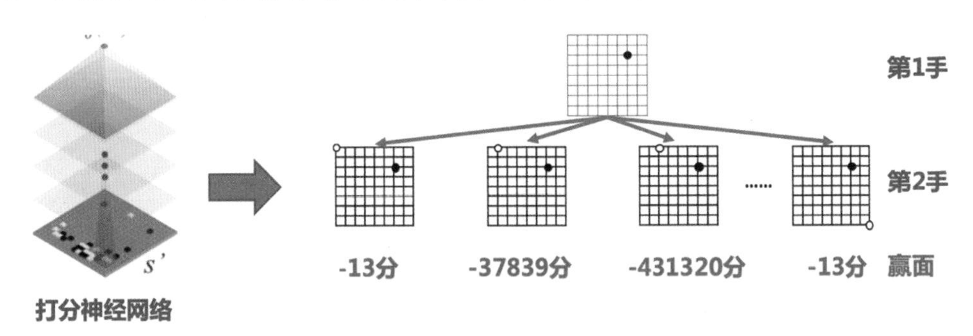

图 25-21　阿尔法狗的诀窍之一：用打分神经网络给每个棋局打分，尽量避免模拟对局，从而减少了搜索树的高度

（二）阿尔法狗的诀窍之二：控制树不能太宽

阿尔法狗还有一个走子神经网络，每次都会问这个网络往哪里下子最好，不好的位置根本不考虑，这样树的分枝数目就减少了，树不会太宽（见图 25-22）。

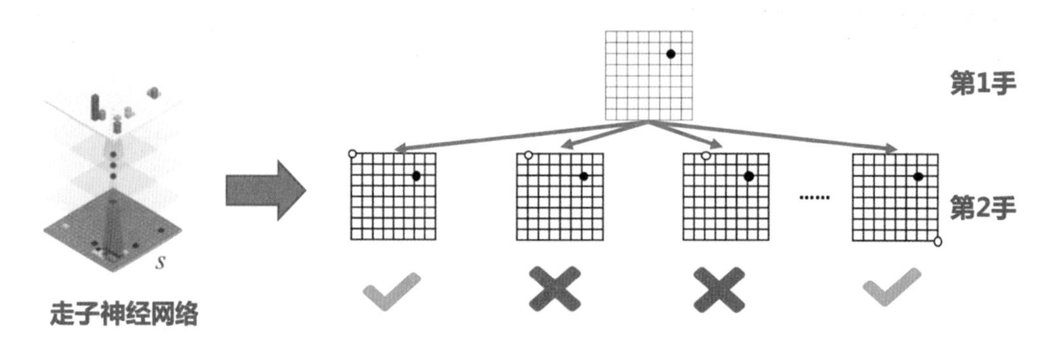

图 25-22　阿尔法狗的诀窍之二：用走子神经网络指导在哪儿落子，减少了要考虑的落子方案，从而减少了搜索树的宽度

（三）神经网络是怎样学会打分和走子的？

我们告诉孩子们，神经网络也是靠学习，才会知道怎样给棋局打分以及走子（见图 25-23）。神经网络的学习方法也跟人一样，分为两类：

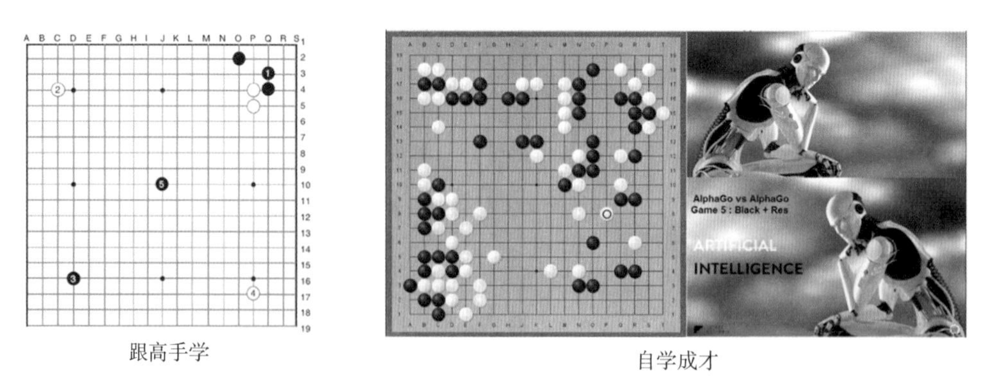

图 25-23　阿尔法狗的两种学习方法：跟高手学、自学成才

- **跟高手学**：比如不会下的时候就去翻棋谱，看历史上吴清源九段碰到这种情况会怎样下，我就怎样下。
- **自学成才**：就是自己跟自己下，一方输了就反思，下次碰到这样的情况不能再这么下了；赢了就加强，下次碰到这种情况还得这么下。

后 记

我学习编程，不是为了“会”这个结果，而是为了“学”这个过程。在向编程迈出第一步时，我是那么生疏，这儿碰一下，那儿碰一下，小心翼翼，生怕程序崩溃。而现在，依然还是那双手，在键盘上飞快地敲打着，再也听不出胆怯了。

现在我知道了编程要脚踏实地，仔细检查，有一点错计算机就会不客气。可如果程序写对了，计算机又会给你意外的惊喜。我想，有一天，这些程序会被我们用更简洁、更精练的计算机语言表达出来，那时候的惊喜又会是什么样的呢？

如今编程成了我与计算机交流的一个渠道。调皮的小黄猫、可爱的阿尔法笨熊、会飞的骏马……屏幕上这些天真可爱、活灵活现的角色好像都是活的，都是我的好伙伴。它们一直陪伴着我，使我沉浸在奇妙的程序中，让我感到无比快乐。

我最大的愿望是能做出 3D 的虚拟世界，那时不要只给这些角色一个机械的大脑，而是要让它们能一点点地“学”，一点点地积累经验。终有一天，这些角色能出现在我面前，能和我握手、交谈甚至互相学习。

——包若宁　中关村一小　四年级

我叫卜文远，今年 10 岁了。我喜爱数学和编程。

从我二年级起，我爸爸和包老师、兰老师组织了一个“小 SIGMA 数学特别兴趣组”：爸爸妈妈们是老师，我们六个孩子是学生。

爸爸妈妈们用“启发式教学法”教，讲得很慢，往往两个小时只讲一道题；我们用“自由讨论”的方式学，明白了数学方法的根本。

三年级时，我猜想“三角形、六边形、十二边形、……，边数越多，越接近圆”，然后我就自己编写 Scratch 程序，画出正 10000 边形，算出圆周率 π=3.141593。后来爸爸说这就是“刘徽割圆法”。我纯粹自发地想出了古人的方法！这让我非常兴奋，也体会到了“发现的乐趣”！

我还自主发现了“因子的因子还是因子”。比如 4 是 16 的因子，而 2 是 4 的因子，则 2 也是 16 的因子。爸爸教我严谨地证明了我的发现——这是我自己的“第一个定理”。我写了 36 个 Scratch 程序，包括“打圆形靶子估计 π”、模拟“牛顿的大炮”画抛物线和椭圆等。编程让我能“画出”想法，这让我很高兴。

我们把学习历程记录下来，就是这本书。在学 Scratch 前，我只是一道光；在学了 Scratch 后，我还是一道光，只不过这道光充满了勇气、智慧和自信！

我的理想是成为一名科学家，我在为此而努力！

——卜文远　中关村一小　四年级

大家好，我叫傅鼎荃，我今年 10 岁。当我一开始接触 Scratch 的时候，我觉得很新奇，一开始看到各种积木块，只用轻轻地拖动积木块就能实现一个游戏，这实在是太神奇了！但我后来发现我想得太乐观了。虽然意思我都搞明白了，但是做一套程序还是要花费我几堂课的时间的。

让我印象最深的一套程序，当属阿尔法小狗了，这一套程序十分复杂，有许多变量和列表，那么多积木块我写得手都麻了，但是当我看到最后的成果时，我感觉一切都值得。

那个小狗实在太聪明了，我一共和它玩了几十局，平了几十局，输了三局！太丢人了。后来我仔细想了一下，这道题目和枚举法也有很大关系：机器很善于使用枚举法，可以枚举所有的可能性，而其中一种可能性就是我走的。这样仔细一想，机器人还真是赢得有理有据、理所应当。

我心想，运行这么一个小小的 Scratch 程序，机器的计算能力就如此惊人，如果把地球上的重大事件放到大型计算机中，那它就有可能可以模拟整个世界了！我想机器的搜索范围如此之大，而人类思考的深度又如此之深，各有各的优点，如果能够联合起来，该会比以前的效率高好几百倍吧！

——傅鼎荃　北大附小　四年级

我学习 Scratch 的感受可以用几个词概括：新奇，有趣，好玩。因为学习 Scratch，我第一次动手操作电脑，一切都很新奇。在学习过程中，本不爱思考的我在老师们的引导下茅塞顿开，感觉 Scratch 很有趣。通过学习，我的数学思维能力也有所提高。在应用方面，无论是用 Scratch 画椭圆、估计 π、掷骰子、解决鸡兔同笼问题、幻方，还是完成阿尔法小狗下棋游戏，都非常好玩。

在爸爸妈妈的指导与帮助下，我仿照《三国演义》电视剧主题曲改编了一下歌词，请您指教：

滚滚长江东逝水，
浪花淘尽英雄。
漫漫科学求索路。
我心无止境，
吾辈当用功。

从来少年多壮志，
自当勇攀高峰。
无惧风雪万千重。
计算多少事，
都在代码中。

——谭沛之　中关村一小　五年级

这是一段难以忘怀的学习经历，这是一篇发自肺腑的课后感言。

10 岁那年新冠肺炎疫情暴发，学生们都采用居家隔离的方式进行学习与防护，那我除了完成学校的学习任务之外还能干些什么更有乐趣的事情呢？在卜校长的引领下，我和小伙伴们一起学习 Scratch 编程。我们每日学习、讨论与沟通，并且花了大量的时间把编程学习的要点、看法和内容用简练的语言和清晰的观点进行了梳理和呈现，一起完成了这本学习笔记。

我喜欢 Scratch，不是因为对自己有了一项新技能而感到满意，也不是为了学成后有和同学们炫耀的资本，而是寻觅到我感兴趣的知识，经过不断探索，不停改进后得到的结果经常会让我喜出望外。

我理解的编程主要通过编程语言实现预期的效果。编程语言学起来不是很难，我理解的编程语言和人类的日常语言一样，只是缩写并高级化了，比如日常语言“A 是 1”，在编程语言中变成“将 A 设为 1”，这种语言我也是适应了好长一段时间，起初我知道怎么做，但是在编程方块里就是找不到，过了七八天我有了一些编程的经验，逐渐熟练之后，也就对编程语言驾轻就熟了，能快速找到每个方块，这也是学习中量变引起质变的一个小小的案例吧。

编程学习锻炼了我的专注力和思维逻辑能力，也让我知道有努力就会有回报——你把你的想法赋给代码，代码就会把效果还给你。

我希望你读了这本书也一样会逐渐喜欢上 Scratch 编程，去用思维的火花照亮生活中的每一天！

——魏文珊　中关村一小　四年级

我发现我对编程很感兴趣，每次打开电脑，我都会编个小游戏，然后跟爸爸妈妈一起玩儿。

当我用自己编写的阿尔法小狗程序下棋的时候，发现小狗特厉害，玩了十局，小狗竟然没输过，我深深地被小狗的能力震撼了。

我相信如果计算机有意识，它会自己编程来增加自己的功能，那么计算机的思想肯定会超过人类。

——张秦汉　双榆树中心小学　三年级

推荐阅读

自己动手制作软体机器人

作者：马修·博格蒂 卡里·洛夫 书号：978-7-111-66512 定价：119.00元

被誉为迪士尼电影《超能陆战队》“大白”之父的卡耐基梅隆大学机器人研究所和人机交互研究所教授—— Chris Atkeson为本书作序

大圣陪你学AI：人工智能从入门到实验 第2版

作者：徐菁 李轩涯 刘倩 计湘婷 编著 书号：978-7-111-69823 定价：待定

青少年AI应用与创新能力等级评测指导用书